数据挖掘在需求侧管理中的研究与应用

贵州电网有限责任公司 编

·北京·

内 容 提 要

本书共分为6章，包括概述、数据挖掘概述、电力需求侧管理概述、基于数据挖掘的电力企业需求侧管理的方案设计及实证分析、数据挖掘在需求侧供电服务中的应用及研究、结语。其中，前3章主要介绍了数据挖掘和需求侧管理的相关基础理论知识，第4章、第5章以贵州省某地区供电局作为具体案例，详细分析数据挖掘技术在电力需求侧管理和供电服务中的应用。本书深入浅出，结合实例进行分析，易于理解，能为电力企业实施电力需求侧管理起到很好的参考作用。

本书适用于电力企业相关人员使用。

图书在版编目（CIP）数据

数据挖掘在需求侧管理中的研究与应用 / 贵州电网有限责任公司编. -- 北京 : 中国水利水电出版社, 2018.6
ISBN 978-7-5170-6597-5

Ⅰ. ①数… Ⅱ. ①贵… Ⅲ. ①数据采集－应用－用电管理－研究 Ⅳ. ①TM92-39

中国版本图书馆CIP数据核字(2018)第136250号

书　　名	**数据挖掘在需求侧管理中的研究与应用** SHUJU WAJUE ZAI XUQIUCE GUANLI ZHONG DE YANJIU YU YINGYONG
作　　者	贵州电网有限责任公司　编
出版发行	中国水利水电出版社 （北京市海淀区玉渊潭南路1号D座　100038） 网址：www.waterpub.com.cn E-mail：sales@waterpub.com.cn 电话：(010) 68367658（营销中心）
经　　售	北京科水图书销售中心（零售） 电话：(010) 88383994、63202643、68545874 全国各地新华书店和相关出版物销售网点
排　　版	中国水利水电出版社微机排版中心
印　　刷	北京瑞斯通印务发展有限公司
规　　格	184mm×260mm　16开本　9.25印张　219千字
版　　次	2018年6月第1版　2018年6月第1次印刷
印　　数	0001—1200册
定　　价	**48.00**元

编 委 会

主　编　杨　凛

副主编　张凌云　李　巍

参　编　袁启惠　杨　忠　孙学宝　连欣乐　景诗毅
姚　雨　李俊杰　袁晓婷　廖　谦　张　涛
李　卫　肖惠仁　吴俊豪

前言

自20世纪70年代能源危机以来，美国等西方国家调整了能源战略政策，把节约能源和保护环境置于突出地位，强化民众的节能意识，大力培育节能市场，特别是积极研究适应现代社会经济发展的资源配置和管理方式，电力需求侧管理就是在这样的背景下产生的。它一出现，就引起了重视，并在各国实施过程中产生了巨大的效益。我国在20世纪90年代开始引入并实施需求侧管理，在实施开始就引起社会各方的关注。在实施初期，正是我国电力供应紧缺的阶段，需求侧管理的实施有效减轻了电力供应不足的影响，保证了电网的安全稳定运行，维护了社会生产生活正常的供电秩序，为全社会的安全稳定起到了积极作用。我国“十二五”规划中已经明确提出节能减排，建设节约型、可持续发展社会的目标要求，在“十三五”规划中更是将优化电力需求侧管理，加快智能电网建设，提高电网与发电侧、需求侧交互响应能力写入规划纲要，从国家战略层面将电力需求侧管理纳入到我国现代能源体系建设之中。我国政府还先后出台了一系列相关政策和法规，有力推动了需求侧管理的发展。

与此同时，计算机信息技术的不断发展，使得社会各个领域的数据采集能力、数据存储能力日益增强，特别是在电力行业，随着智能电网的兴起和发展，电力行业采集和积累的各种数据越来越多，这些数据对电力企业的运行、营销具有重要价值，但是如何在这些海量的数据中挖掘出需要的重要信息和变化规律并将其应用到电力企业的科学决策中就变得至关重要了。数据挖掘技术就是这样一门学科，能从庞大的数据集或是数据库中提炼出有用的信息，挖掘出潜在的规律。它汇集了统计学、计算机科学、人工智能、数据库等相关学科的知识，是一门新兴的交叉学科。

将数据挖掘技术应用到电力系统中，特别是对数据需求量大、数据分析要求深入有效的电力需求侧管理中尤为适合，电力需求侧管理在实施中，对电力负荷的用电数据分析要求很高，从单纯的供电方的供电层面扩展到需求方的用电层面，以负荷预测和优化负荷曲线为主线，贯穿到电力需求侧的供需双方。在加快推进需求侧管理实施的阶段，通过数据挖掘技术对实施需求侧管理的需求方和供应方资源信息进行分析，深入挖掘出其内部有效信息，可以为需求侧管理方案的设计和制定提供有价值的科学参考。使得需求侧管理方案由原来过多依靠专业人员的经验判断的粗放型设计，转变为依据系统供用电变化规律的精细型制定。解决了需求侧管理方案在设计和制定方面的难点。因此，做好基于数据挖掘的需求侧管理研究十分必要，该项研究将为我国电力需求侧管理的实施提供及时、准确和有用的支持，为我国深化电力改革、开拓电力市场等课题提供决策依据和参考，对我国能源资源的有效利用有着重要意义。

本书共分为6章，包括概述、数据挖掘概述、电力需求侧管理概述、基于数据挖掘的电力企业需求侧管理的方案设计及实证分析、数据挖掘在需求侧供电服务中的应用及研究、结语。其中，前3章主要介绍了数据挖掘和需求侧管理的相关基础理论知识，第4章、第5章以贵州省某地区供电局作为具体案例，详细分析数据挖掘技术在电力需求侧管理和供电服务中的应用。本书深入浅出，结合实例进行分析，易于理解，能为电力企业实施电力需求侧管理起到很好的参考作用。

受作者水平和时间所限，书中难免存在不足之处，诚请各位同仁不吝批评指正！

作者

2018年1月

目录

CONTENTS

第3章 电力需求侧管理概述

第4章 基于数据挖掘的电力企业需求侧管理的方案设计及实证分析

第5章 数据挖掘在需求侧供电服务中的应用及研究

第6章 结 语

概　述

1.1　国内外开展需求侧管理的研究及应用现状

电力需求侧管理（Demand Side Management，DSM）是指在政府政策法规支持下，采取有效的激励措施，通过电力企业、电力用户、能源服务中介公司等共同协作，提高终端用电效率、优化用电方式，在完成同样的用电功能的同时减少电量消耗和电力需求，达到节约能源和保护环境的目的，是实现社会效益最优、各方受益、成本最低的电力服务所进行的用电管理活动。从定义可以看出，电力需求侧管理内容主要包括节能和优化用电方式两部分，这两部分的目的都是为了进行电力负荷调节，为了达到这个目的需要采用相应的技术措施和经济措施。

最早实施电力需求侧管理的是法国、德国等国家，早在20世纪30年代，这些国家就开始采用负荷控制和实施分时电价制度。20世纪40年代以后，西欧工业发达国家开发了音频电力负荷控制系统，并实施多种电价制度，使负荷率提高了10%左右。到20世纪60年代，西欧各国开始大力推进各种节能产品的推广和应用，以降低电力建设投资，减少能源消耗和保护环境。

在我国，特别是在21世纪初电力紧缺时期，电力需求侧管理应用行政、技术、经济、引导等措施手段，为确保国民经济发展，减小缺电造成的社会、经济、生活影响发挥了重要作用。我国“十二五”规划中已经明确提出节能减排，建设节约型、可持续发展社会的目标要求，“十三五”规划中更是将优化电力需求侧管理，加快智能电网建设，提高电网与发电侧、需求侧交互响应能力写入纲要，将实施电力需求侧管理纳入了我国建设现代能源体系之中。

1.1.1　国外开展需求侧管理的研究及应用现状

电力需求侧管理是实现节能减排、优化能源体系的有效措施之一，世界各国采取了各种不同的运作模式和激励机制。

1. 美国

在美国，除了以电力公司为主导的电力需求侧管理运作模式之外，还采取了以政府为主导和以能源服务中介机构为主导的其他两种运作模式。

（1）电力公司主导的运作模式。在美国，大多数州采用的是电力公司作为电力需求侧管理实施主体的运作模式，并且从法律上加以明确，同时通过系统效益收费等方式为开展电力需求侧管理筹集资金和消除电力需求侧管理实施障碍。如西太平洋地区的蒙大拿州虽然已经完成了电力重组，并实行以消费者出资的电力需求侧管理计划，但在州政府的委托和监督下仍由电力公司进行项目管理和运作。

（2）政府主导的运作模式。该模式是由美国的州政府设置的一个没有政府拨款的、非营利的准政府机构来负责电力需求侧管理项目管理，政府的电力监管部门负责审批电力需求侧管理项目计划和 SBC（system benefits charges）的支出，SBC 是指通过电力附加费的形式从电力用户征集公益计划基金，以支持能源、电力可持续发展的公益事业，用于电力需求侧管理能效计划、可再生能源发展计划、研究与开发计划、低收入居民资助计划 4 个方面。目前加利福尼亚州和纽约州采用的就是政府主导的运作模式。

（3）中介机构主导的运作模式。该模式是由一个非政府、非营利的节能投资中介服务机构来直接管理专用资金 SBC，并负责项目管理，包括项目策划、资金分配、项目评估、项目验收、项目服务等。通常它与州政府的公用事业委员会签订协议，接受政府的监督，对项目计划和资金计划等定期审计检查。电力公司将征集的 SBC 直接转到中介服务机构的账户上，并与能源服务公司、电力用户、产品生产销售商、承包商等一样，处于平等地位参与电力需求侧管理项目的公开竞标。目前俄勒冈州、佛蒙特州和马萨诸塞州采用了该模式。

2. 德国

德国在推行需求侧管理技术方面起着重要的推动和引导作用。

（1）通过制订相应的政策、法规，支持电力供应部门实施需求侧管理工作。政府修改、完善了《能源法》，引入市场竞争机制，为电力公司推行需求侧管理创造条件。州政府的能源管理部门对电力公司的需求侧管理措施进行审定认可后，企业用于需求侧管理措施的投资可列入企业生产成本，使企业从税收优惠中获得补偿，提高企业推行需求侧管理措施的积极性。

（2）为鼓励节电，州政府与电台联合开展节电特别奖励活动。如州政府定期与地方电台联系，通过大奖赛的形式推选出本地区最节能家庭，给予适当的奖励，并将这些家庭使用的电器品牌和种类公布于众，鼓励大家使用节能和节电产品。

（3）对采用太阳能发电的单位或家庭，电力公司允许其多余电量上网，补助为 0.05 欧元/(kW·h) [平时电费 0.1 欧元/(kW·h)]。

3. 泰国

泰国在 20 世纪 90 年代初引入了需求侧管理，1992 年，通过《促进能源节约法》设立了促进能源节约基金，基金来源于石油加工产品的附加收费。泰国内阁通过授权泰国电力公司的方式，针对造成电力需求量大幅增长的照明用具、空调、冰箱、制冷设备、镇流器和电动机6种主要电器实施需求侧管理。政府通过电力公司直接支持节能产品生产企业，令其生产新的节能设备，并加以补贴，以降低节能产品的销售价格，利于其推广应用。泰国需求侧管理的目标是：

（1）使泰国电力部门和与能源有关的私有部门具备足够的能力向整个社会提供有偿的能源服务。

（2）在全国范围内推行节能政策，开发、制造和使用节能高效型设备和技术。

1.1.2 国内开展需求侧管理的研究及应用现状

1992年，需求侧管理的理念引入我国，引起了学术部门和政府的注意。一些省（自治区、直辖市）先后将需求侧管理技术应用到用电管理中，取得了较好的经济效益。1993年，综合资源规划（IRP）方法和需求侧管理首次在江苏试点。此后，北京、上海、浙江、天津、深圳等省市的电力公司开展了适合本省市的需求侧管理，提出了分时电价等价格体系以及科学的用电管理系统，提高了能源的利用率，降低了发电成本，系统负荷率得以改善。

2000年12月，原国家经济贸易委员会和原国家计划委员会将需求侧管理以法规的形式纳入了《节约用电管理办法》。2002年夏季，我国第一部《电力需求侧管理办法》在江苏省出台。从此，需求侧管理就成为弥补江苏省电力缺口的第一手段。2003年，江苏省在电力缺口高达近400万kW的情况下，通过需求侧管理，保证了电网的安全稳定运行和居民生活、重要生产的可靠用电。2004年电力紧缺形势是20世纪80年代以来最为严重的，全国最大电力缺口约4000万kW，为应付这一巨大负荷缺口，各网省公司积极采取需求侧管理措施，实现移峰2186万kW，占全部电力缺口的73.3%，从而保证了电网安全稳定运行，维护了社会生产生活正常的供电秩序。

2004年5月，国家发展和改革委员会与国家电力监管委员会出台了《加强电力需求侧管理工作的指导意见》。党中央、国务院高度重视电力需求侧管理工作，在修订《中华人民共和国节约能源法》，制定“十一五”“十二五”和“十三五”规划，以及部署节能减排、迎峰度夏、抢险抗灾等方面工作中，都明确要求加强电力需求侧管理。为此，国家发展和改革委员会、财政部、工业和信息化部、国有资产监督管理委员会、国家能源局等部门，制定出台了《电力需求侧管理办法》《有序用电管理办法》等规范性文件，开展了电网企业实施电力需求侧管理目标责任考核、电力需求侧管理城市综合试点等工作。各地有关政府部门、电网企业等也积极出台相关政策，开展大量具体实施工作。据有关方面测算，近几年全国70%以上的电力缺口通过有序用电措施得到缓解，最大转移用电高峰负荷约1600万kW。实践证明，加强需求侧管理是落实科学发展观、缓解我国能源瓶颈制约、提高电能利用效率的有效手段，也是化解电力供需矛盾，实现安全顺利迎峰度夏、度冬的关键措施。在2014年6月25日，为便于社会各界获取相关信息，国家发展和改革委员会组织有关方面开发建设了国家电力需求侧管理平台，该平台是一个综合性、专业化、开放式的网络应用平台，具有经济分析、电力供需形势分析、有序用电、需方响应、电力需求侧管理目标责任考核、在线监测、网络培训、信息发布等功能，旨在向政府有关部门、电力企业、电力用户、电能服务商等各类群体提供最全面、最权威的决策支撑和技术服务，促进中国节能减排事业的发展。

1.2 地区电网供电现状及存在问题与对策分析

1.2.1 供电现状

从1998年政府机构改革方案的正式实施和电力体制改革的不断深化，供电部门不再具备电力行政管理职能，只是作为自主经营、自负盈亏、自担风险的普通企业性质参与现代市场竞争，担负着国有电力资产保值增值的重要义务，中国电力体制改革朝着政企分开、政监分开、厂网分离、主辅分离的方向逐步深化，新电改正进一步努力促进电力市场化改革，促进相关企业加强管理、提高效率，引导电网合理投资，引导用户合理使用电力资源。自从2002年年底电力行业厂网分离之后，原国家电力公司被拆分为2家电网公司，即中国南方电网有限责任公司和国家电网有限公司。中国南方电网有限责任公司于2002年12月29日正式挂牌成立并开始运作，公司经营范围为广东、广西、云南、贵州和海南五省（自治区），负责投资、建设和经营管理南方区域电网，经营相关的输配电业务。由于国内电网发展的历史原因，部分地区存在着央企直属的地区电网公司（以下简称地区电网公司）与政府隶属的地方电网（以下简称地方电网）共同承担供电服务的状况。在贵州一些地区，水利和煤炭资源丰富，地方小水电、大型水电厂的留存电和一些大型自建火电厂以及若干大型自备电厂的建设是地方电网的电源主力。地区电网与地方电网两网并存的竞争格局已然形成。相较于地区电网公司的供电模式，地方电网实现的是“能、网、用”一体化的供电模式，长期处于相对独立的运行状态，拥有独立运行的经验和基础。2015年年底，贵州电网有限责任公司成立了贵州电力交易中心，成为全国首批电改省份，这些地区两网并存的供电格局使得其率先成为贵州省售电侧试点地区。

1.2.2 存在问题

地区供电“一城两网”的供电格局，是电力体制改革和历史发展的结果，在电力供应中引入了竞争，但是在运行过程中也出现了一些问题。

1. 电网建设重复投资

随着两网同时供电的形成，原有的电网统一规划、统一建设的格局被打破，地区电网公司和政府隶属的地方电网的电网规划各自开展，导致电网规划交叉重叠，重复投资、无序建设不可避免，而公共资源特别是通道资源是有限的，这就势必造成电网、土地、通道等公共资源的浪费。

2. 电价的竞争突出

地区电网公司执行的销售电价是由国家核定的，是由国家发展和改革委员会颁布的，电价中包含了各种基金；而地方电网执行的电价，没有承担交叉补贴和普遍服务，成本就低，有自主定价权。以大工业用户为例，地方电网公司对铝合金的销售电价中的电度电价是0.53元/(kW·h)，而一些地方电网的承诺电价只有0.42元/(kW·h)，低了0.11元/

(kW·h)。此外，一些县、市政府及工业园区可根据各供电项目的用电量、就业量、产业链、税收及对经济的拉动作用等情况，给予招商项目的优惠电价，原则上按照0.35～0.44元/(kW·h)执行，对于电价差价部分，由各项目所在县（市）政府、新区管理委员会负责补贴给用电企业。电价的竞争直接导致对电力用户特别是工业用户负荷的争抢日趋激烈，随着地方电网供电能力的不断提高，原有的划片供电方式被打破，对用电市场的竞争不仅仅只在供电区域内的增量用户上，对原来各自的存量用户也互有争夺。

3. 用电安全标准不一

两网共同供电必然会存在交叉供电的情况，双方交叉联络点众多，所以在运行控制、机网协调、信息交互等方面也会出现交叉。虽然两网各自独立，但是调度方式还是通过省级中调、地区电网调来执行，这就要求地方电网在执行机网协调等方面的技术标准应该和央企直属的电网公司一致，如果协调不好，会存在安全隐患，容易造成跳闸停电、设备损坏、单机停电的风险。

1.2.3 对策分析

为了提高地区电网公司在竞争过程中的核心竞争力，探索出新形势下大电网与地方电网的竞争与发展模式，地区电网公司有必要制订相关的竞争对应策略，寻找出复杂竞争环境下的新型发展模式。电力市场的改革和竞争最主要的就是对电力用户的竞争，从地区电网公司和地方电网的激烈竞争中可以看出，双方争夺的重点是工业用户特别是大工业用户，互相都在积极巩固已有的用户，努力争取新用户。而对于电力用户来说，最关心的就是供电质量和用电成本，用户并不关心供电方是谁。无论是哪个电力企业，只要能向用户提供安全、稳定、可靠、优质的电能，同时又能降低用户的用电成本，必然就能吸引用户，在竞争中拥有较强的竞争力。

“两网并存”的环境使得地区电网公司的供电能力受到极大的制约，地区电网公司未来发展面临巨大的挑战，因此地区电网公司亟须全面、系统地分析自身的发展形势，进而获取政府支持，研究制订针对同行业竞争对手的手段和措施，加快电网建设，提升服务水平，切实提高其在电网规划建设和电力营销服务方面的竞争力，从而赢得在两网竞争中的主动权。当然，由于不同时期地区电网公司与地方电网的关系将呈现动态变化，地区电网公司的应对策略在不同时期也需要进行反馈调整，目前来说，地区电网公司作为中央电网的代表，与地方电网相比仍具有稳定可靠、调节能力强、拥有调度权、管理规范等大电网的诸多优势，这在供电可靠性、电能质量方面具有先天优势，地区电网公司需要将这种优势继续保持，同时，关于用户最为敏感的电价机制，需要研究制订合理、优惠的电价政策，找到电力企业与电力用户的盈利平衡点。为此，地区电网公司应该分别从价格、服务、管理、目标市场以及外部环境5个维度制定出相应的竞争策略，其中在价格维度强调在购电侧价格、销售侧价格以及基于边际成本定价等方面的策略优化，在服务维度强调通过市场细分和用户划分管理开展各类型的黏性营销服务方案，在管理维度强调流程管理、人才管理、资产管理以及售电公司组建等工作，在目标市场维度强调引入产业配套工程、投资界面优化以及园区配电资产接收等模式，在外部环境维度强调两网的信息公开和统筹规划等工作。

可以看出，在此背景下，需求侧管理的实施显得很重要，符合地区电网公司的5维竞争应对策略。需求侧管理通过采取有效的激励措施，引导能源用户改变和优化用能方式，提高能源客户的终端用能效率，使资源得到合理配置和使用，促进能源经济运行和供需平衡，达到改善能源消费结构、提高能源使用效率、节约能源、保护环境的目的，保障国民经济可持续发展，是在使用能源中的经营管理活动。引入需求侧管理这种合理利用能源的管理方法可以提高地区电网公司运营的可靠性和服务水平，降低电力企业的生产经营成本。

由于提高企业的核心竞争力迫在眉睫，而实施需求侧管理后可以调动电力用户参与负荷管理的积极性，做到和用户共同实施用电管理。需求侧管理工作的系统推进有利于提高经济效益、环境效益和社会效益。需求侧管理可以减缓电源和电网建设压力，节约电力建设投资，节省能源资源，特别是能够降低煤炭利用比重，降低污染，保护环境，拓展电力企业盈利渠道，提高服务能力和自身发展水平，促进用电设备制造业的技术创新和产业升级。

需求侧管理还能转移用电负荷，优化电网运行方式，有利于用户减少电费开支，提高电网安全运行水平，有利于满足人民生活水平的不断提高对电力产品的新需求，使得电网公司的发展战略实施和与国民经济的可持续性发展战略实施相协调。对于地区电网公司与地方电网两网并存的供电格局的情况，实施需求侧管理可以提高地区电网的核心竞争力，在国家节能减排的大背景下，需求侧管理与国家的能源战略一致，具有良好的推广前景。

需求侧管理实施的经济措施中，电价是最为具体也是最为重要的一种方式，而目前来说，地区电网公司与地方电网之间的竞争，决定输赢最为重要的因素也是电价，所以多种有选择性的电价机制的建立是刺激电力用户参与需求侧管理的内在动力，也是调节需求侧管理实施效益在电力企业和电力用户之间合理分配的一种经济手段。需求侧管理实施中常采用的电价机制有分时电价、可中断负荷电价、高可靠性电价、阶梯电价、季节性电价、丰枯电价等。目前地区电网公司实施需求侧管理的研究重点也应该放在适合地区电网实施的合理的电价机制的研究上，只有研究制订出合适的、面向用户的、多种选择的需求侧管理鼓励电价机制，才能激发电力用户参与需求侧管理，进而确保地区电网在优化用电曲线的同时发展新的电力用户，开拓更大的电力市场。

1.3 电力需求侧管理主要内容与技术方案

1.3.1 主要内容

电力需求侧管理是在政府法规和政策的支持下，通过有效的经济激励措施和引导措施，配合适宜的运作方式，促使电力企业、电力用户、中介能源服务公司、节能产品供应商等共同努力，在满足同样用电功能的同时，提高终端用电效率，改善用电方式，减少电量消耗和电力需求，实现能源服务成本最低、社会效益最佳、节约资源、保护环境、各方受益所进行的管理活动。需求侧管理的实施除了需要对传统的供电方的供电资源进行调查了解外，更需要对需求方进行资源调查，了解参与实施管理的电力用户的实施潜力、实施可行性，据此制订的需求侧管理方案才能切实可行。这就需要对电力系统的运行数据、计量数据、营销数据等各种用电信息进行采集、整理和分析，随着信息技术的发展，电力系统已有的调度自动化系统、计量自动化系统和营销系统为需求侧管理进行资源分析提供了数据基础，但是这些数据的系统整合、有效处理、深入分析和应用却有待进一步完善，传统的数据加工、分析不能有效挖掘出这些用电数据内部更有用的信息，也无法为需求侧管理的实施提供决策参考。因为传统的数据处理和分类过于粗犷，显示的结果不能明显反映电力用户的需求，需求侧管理方案在设计和制订时更多依靠专业人员的经验判断，而不是根据用电数据本身隐藏的变化规律，这也是需求侧管理方案在设计和制订时的难点所在。

数据挖掘技术就是对观测到的海量数据集进行分析，发现其中的未知关系和变化规律，并以容易理解的方式总结出来，供决策者参考，所以可以将数据挖掘技术应用在电力企业的各个管理、运行决策环节中，尤其是应用在需求侧管理中就尤为适合，因为成熟的数据挖掘技术能对电力系统中种类繁多、质量不一、实时性要求高的数据进行有效的处理和分析。将数据挖掘技术应用到电力系统中是电力企业未来信息化发展的必然趋势。

将数据挖掘技术与需求侧管理研究相结合是提高需求侧管理实施有效性的重要方法，但是如何利用数据挖掘技术中的技术手段为需求侧管理方案的制订和实施提供决策依据却仍需要研究。本书将结合贵州省某地区供电公司的供电情况，研究电力企业在市场竞争环境下，利用数据挖掘技术，在电力企业已积累和采集的用电数据基础上，获得有助于管理决策的信息，制订适合电力企业实施的需求侧管理方案。

1.3.2 技术方案

应用数据挖掘技术的需求侧管理分为：需求侧管理实施资源分析、用户侧模型分析、配电侧模型分析及需求侧管理评价指标体系 4 个基本步骤。

（1）需求侧管理实施资源分析。对需求侧管理实施的资源进行分析和评估，对供电区域内的社会经济情况、电网供电情况、用电结构、用户电能消费情况等各种宏观、微观系统进行调查，从深度和广度分析涉及的因素，从而对需求侧管理的实施目标、实施对象、实施期限等进行规划。

（2）用户侧模型分析。对实施需求侧管理的对象利用相关数据挖掘技术进行电力负荷预测和聚类研究，对实施需求侧管理的对象进行电力负荷预测是确定需求方资源的重要依据，也是后续进行需求侧管理效益评估的基本依据；而实施用户的聚类分析是根据拟定的不同需求侧管理方案筛选合适的实施对象，聚类分析是在对典型用户进行技术经济分析的基础上将大体类同的用户进行聚类，使得用户有针对性地实施特定的需求侧管理方案，从而使实施结果易于实现。

（3）配电侧模型分析。对电力用户按照聚类结果进行实施方案的匹配，并对实施后的响应结果进行预测。实施方案主要是针对电力用户敏感的电价进行研究，研究如何利用不同的具有鼓励性的电价刺激措施来激励用户参与需求侧管理。在对用户进行响应预测研究时，结合已有的实施经验和判断，判断不同用户可能的响应程度和调节潜力。

（4）需求侧管理评价指标体系。研究需求侧管理的评估体系，研究制订合理的评估指标体系去判定实施的方案有效性和可行性，为制订下一步需求侧管理实施方案提供支持和依据。

数据挖掘概述

2.1 数据挖掘的基本概念

数据采集和存储技术的进步导致各行各业的数据库日益庞大，数据挖掘就是从大量的、不完全的、有噪声的、模糊的、随机的实际应用数据中提取隐含在其中的、人们事先不知道的但又是潜在有用的信息和知识的过程。这个定义包括好几层含义：数据源必须是真实的、大量的、含噪声的；数据挖掘发现的是用户感兴趣的知识；发现的知识对于用户是可接受、可理解、可运用的；数据挖掘并不要求发现放之四海而皆准的知识，而是仅支持特定的应用问题和目标。

这里所说的知识发现，不是要求发现放之四海而皆准的真理，也不是要去发现崭新的自然科学定理和纯数学公式，更不是什么机器定理证明。实际上，所有发现的知识都是相对的，是有特定前提和约束条件的，面向特定领域的，同时还要能够易于被用户理解，最好能用自然语言表达所发现的结果。数据、信息就是知识的具体表现形式，但是从广义上理解，人们往往把概念、规则、模式、规律和约束等都看作不同类型的知识。人们把数据看作是形成知识的源泉。数据挖掘所处理的原始数据可以是结构化的，如关系数据库中的数据；也可以是半结构化的，如文本、图形和图像数据；甚至是分布在网络上的异构型数据。发现知识的方法可以是数学的，也可以是非数学的，可以是演绎的，也可以是归纳的。发现的知识可以被用于信息管理、查询优化、决策支持和过程控制等，还可以用于数据自身的维护。因此，数据挖掘是一门交叉学科，它把人们对数据的应用从低层次的简单查询提升到从数据中挖掘知识，提供决策支持。在这种需求牵引下，汇聚了不同领域、不同学科的技术，尤其是数据库技术、人工智能技术、数理统计、可视化技术、并行计算等方面，围绕这些技术开展交叉创新，不断形成数据挖掘领域新的技术热点。

简而言之，数据挖掘其实是一类深层次的数据分析方法。数据分析本身已经有很多年的历史，只不过在过去，数据收集和分析的目的是用于科学研究，另外，由于当时计算能力的限制，当数据量过大时，进行复杂数据分析时，分析方法会受到很大限制。现在，由于各行业业务自动化的实现，各个领域产生了大量的技术数据和业务数据，这些数据不再是单纯为了进行分析的目的而收集，而是由生产过程和商业运作而产生；分析这些数据也不再是单纯为了研究的需要，更主要的是为进行决策提供有价值的参考和依据，进而获得收益。但所有企业面临的一个共同问题是，企业数据量非常大，而其中真正有价值的信息却很少，因此从大量的数据中经过深层分析，利用各种分析工具在海量数据中发现模型和数据之间的关系，获得有利于生产经营、商业运作、提高竞争力的信息，就是数据挖掘的重要任务。

目前电力系统日益复杂，电力网络日益庞大，电力企业信息化水平不断提高，生产和经营过程中会产生和积累大量数据信息，数据信息呈现爆炸性增长，数据的采集、传输、加工、存储、查询以及预测和决策等的信息量和工作量越来越大。传统的数据处理主要是停留在数据采集和监控方面，对实时数据和历史数据也只是做一些简单的查询、检索、显示等操作，数据加工、分析很不够，不能有效地挖掘电力系统数据内部的更有用的信息。这种传统的“人工＋设备＋经验判断”的半自动生产经营方式无法适应大规模电网灵活、高效、基准的运营要求。从事电力规划和运营工作的相关专业人员已经体会到从海量多元的数据中获取到自己最需要的信息的困难，常规数据分析的结果常常会有信息分类过于粗犷、显示结果不能明显反应用户需求、数据精度不高等问题。如果利用数据挖掘技术，就可以在大量的数据信息中发现电力企业的业务发展趋势，揭示隐藏的变化规律，预测未知的结果，从而对生产和经营起到决策支持的作用。

电力系统中数据挖掘的主要难点在于电力数据类型多样、分布分散、数据量大，同时，对数据的实时性和准确定要求很高，具体如下。

1. 电力数据种类多样

电力系统的数据主要来源于分布于系统各处的各种自动装置实时采集的计量类数据和管理信息系统对用户、设备描述的各种属性类数据，数据来源多，数据量大，同时分布也分散。每一类数据还包括实时数据、历史数据，所有这些数据构成了一个极其庞大的信息存储体系。

2. 数据质量不统一

电力系统采集到的数据会受到各种干扰、数据缺失等不确定因素的影响，数据还必须依赖于各种采集装置的存在，在终端采集装置没有覆盖的地方，是无法获得采集数据的，所以采集数据的完整性和精确性会受到采集装置的直接影响，从而数据质量会出现情况不一的状况。

3. 数据处理实时性要求高

电力系统对数据处理的实时性普遍要求很高，在系统紧急状态下，运行人员必须要在线快速进行决策，而数据挖掘中的算法往往有较大的数据计算量，过于复杂或是选择不合理的算法不一定能满足系统实时性的要求，所以根据需求，选择合适的优化算法是进行数据处理时首先要考虑的重点。

2.2 数据挖掘的任务

在实际的数据挖掘项目中，需要解决的特定问题先被转换为一个或是几个数据挖掘任务，每个数据挖掘任务都可以采用多种数据挖掘技术方法进行解决。一般来说，根据项目目标来划分的数据挖掘任务主要有关联分析、时序模式分析、聚类分析、分类分析、偏差分析和预测等方面。

1. 关联分析

关联分析是从数据库中发现知识的一类重要方法。若两个或多个数据项的取值之间重复出现且概率很高时，就存在某种关联，可以建立起这些数据项的关联规则。关联可以分为简单关联、时序关联和因果关联，关联分析的目的就是找出数据库中隐藏的关联网。关联分析中通常采用“支持度”和“可信度”两个阈值来度量关联规则的相关性，还不断引入“兴趣度”“相关性”等参数，使得所挖掘的规则更符合需求。

2. 时序模式分析

时序模式分析是指通过时间序列搜索出重复发生概率较高的模式。时序模式中，一个有重要影响的方法是“相似时序”。用“相似时序”的方法按时间顺序查看时间事件数据库，从中找出另一个或多个相似的时序事件。

3. 聚类分析

聚类分析是将数据库中的数据按照相似性划分为一系列有意义的子集，即类。在同一类中，个体之间的距离较小，数据彼此相似；而不同类的个体之间的距离偏大，数据彼此相异。聚类增强了人们对客观现实的认识，是概念描述和偏差分析的先决条件，通过聚类可以建立宏观概念，发现数据分布模式，以及数据属性之间的相互关系。

4. 分类分析

分类分析是数据挖掘中应用的最多的任务。分类分析的目标是将给定的一组数据划分为若干类别，找出每一个类别的概念描述，这个概念描述代表了这类数据的整体信息，即该类别的内涵描述，一般用规则或决策树模式表示。该模式能把数据库中的数据映射到给定类别中的某一个。分类的过程主要分为两个阶段：第一阶段是分类模型训练阶段，在该阶段利用一组类别已知的训练数据去训练得到一个分类模型；第二阶段是分类阶段，即利用第一阶段得到的分类模型对类别未知的数据进行分类。

5. 偏差分析

数据库中的数据存在很多异常情况，从数据分析中发现这些异常情况也是很重要的，应引起人们对它更多的注意。偏差分析的基本方法是寻找观察结果与参照之间有意义的差别。观察常常是某一个域的值或多个域的值的汇总，参照是给定模型的预测、外界提供的标准或另一个观察，例如分类中的反常实例，不满足规则的特例，观察结果与模型预测值之间的偏差，量值随时间的变化等。

6. 预测

预测利用历史数据找出变化规律，建立模型，并用此模型来预测未来数据的种类、特征等。典型的方法是回归分析法等，即利用大量的历史数据，以时间为变量建立线性或非线性回归方程。预测时，只要输入任意的时间值，通过回归方程就可求出该时间的状态。近年来发展起来的人工神经网络方法，如 BP 模型，实现了非线性样本的学习，能进行非线性函数的预测。分类也能进行预测，但分类一般用于离散数值，回归预测用于连续数值，神经网络方法预测既可以用于连续数值，也可以用于离散数值。

数据挖掘的历史不长，但其应用却极其广泛，可以说只要有数据的地方基本上都有数据挖掘的用武之地。当代，数据挖掘应用最集中的领域包括金融、医疗保险、市场、零售业、制造业、司法、电信业、工程与科学等。

数据挖掘在电力系统的不同方面也产生了应用。随着电力系统建设速度的加快、规模的不断扩大、要求的不断提高，电力系统需要具有强大的数据分析和数据处理能力来保证电力系统的安全运行，特别是随着智能电网概念的提出和实践应用，对这方面就会有更高的要求。同时，电力系统建设速度的加快，智能采集和传感器等各种智能设备在系统中广泛应用，电动汽车、分布式能源等新兴业务的快速发展，也使电力方面的数据不断积累，这些数据也具有量大、结构复杂等特点。所以卢强院士在 21 世纪初就提出了电力系统科技的发展方向——数字电力系统。如何充分利用这些以指数速度增长的数据，快速有效地分析、加工、提炼，以发掘出有用的知识，已成为电力行业所面临的关键问题之一。所以，在电力企业的改革和发展中，利用关联分析、时序模式分析、聚类分析、分类分析、偏差分析和预测得到的数据挖掘结果可以很好地对电力的生产、经营、规划起到指导作用。

2.3 数据挖掘的内容及方法

2.3.1 数据挖掘的内容

既然数据挖掘是从大量的、不完全的、有噪声的、模糊的、随机的实际应用数据中提取隐含在其中的、人们事先不知道的但又是潜在有用的信息和知识的过程，那么数据挖掘的内容就是发现这些有用的知识。根据数据挖掘的不同任务，所挖掘的知识也可以分为以下几个方面。

1. 关联知识

关联知识是一种反映事件之间的依赖或关联关系的知识，如果两项或是多项属性之间存在关联，那么某一属性值可以依据其他属性值进行预测。

2. 广义知识

广义知识是对类别特征的概括性描述的知识。根据数据的微观特性，通过对数据的概括、精炼和抽象，发现其表征的、带有普遍性的、较高层次抽象的、反映同类事物共同性质的知识。

3. 分类知识

分类知识是指反映同类事物共同性质的特征型知识和不同事物之间差异特征知识。最为典型的分类方法是基于决策树的分类方法，它从实例集中构造决策树，是一种有指导的学习方法。该方法先根据训练子集形成决策树，如果该决策树不能对所有对象给出正确的分类，那么选择一些例外加入到训练子集中，重复该过程一直到形成正确的决策树。最终结果是一棵树，其叶子节点是类名，中间节点是带分枝的属性，该分枝对应该属性的某一可能值。

4. 偏差知识

偏差知识是对差异和极端特例的描述，揭示事物偏离常规的异常现象，如标准类外的特例、数据聚类外的离群值等。偏差知识可以在不同的概念层次上被发现，并随着概念层次的提升，从微观到宏观以满足不同用户、不同层次的决策需要。

5. 预测知识

预测知识是根据时间序列型的数据，由历史的和当前的数据去推测未来的数据，也可以认为是以时间为关键属性的关联知识。目前，时间序列的预测方法有经典的统计方法，人工神经网络法等。这些数学方法通过建立随机模型进行时间序列的预测。由于大量的时间序列是非平稳的，其特征参数和数据分布随时间的变化而发生变化，如果选取的历史样本数据有限，建立的数学模型不一定能完成准确的预测任务，因此，一旦发现预测模型不再适用于当前数据时，有必要对模型进行重新训练，获得新的权重参数，建立新的模型。

电力系统运行首先需要可靠的持续供电，保证其安全运行和稳定性；其次，系统向用户提供的电能需要具有良好的电能质量，电压、频率和波形等变化不得超出允许范围；再次，电力系统运行应具有经济性。为了达到这些要求，系统调度运行人员需要为机组制订合理的启停计划，电力企业针对不同用户建立分时电价等经济措施达到错峰增效的目的。

然而，就目前看来，在电力系统实际运行及规划管理中，人们通过系统运行数据所获得的知识仅仅是系统海量数据中所包含的一部分，如潮流计算、状态估计的结果等，而隐藏在这些数据之后的更重要的知识如对数据的整体特征描述和对其发展趋势的预测等，通过常规方法往往无法获得，但这些知识在决策生成过程中却具有重要的参考价值。这一现状势必造成这样一种局面：数据虽然充足，但能从中得到的知识相对而言却很缺乏，大量的可利用资源被浪费掉，这一切都是因为缺乏对数据进行深层分析的技术。目前电力系统中的数据利用很不充分，从中获得的知识相对缺乏和单一，因此需要利用数据挖掘技术对电力系统数据进行深层分析，将数据挖掘技术以适用于电力系统的方式应用于这些数据，获得隐藏在这些数据后面的潜在的重要知识。例如通过系统和广域测量系统，可以获得系统发生扰动前后的系统有功和无功水平、母线电压以及各发电机相角变化等参数，基于此数据，可以利用数据挖掘进行关联分析、分类分析等可以建立系统安全评估决策树，获得相应的关联知识和分类知识，快速判断系统运行状态并提出相应的控制策略；通过电能质量监测系统中提取出的用户电压波形，可以利用数据挖掘进行分类分析，自动识别电能扰动事件并进行分类，为电能质量治理提供依据；通过电力市场运营管理系统中获得的电力用户负荷曲线，可以利用数据挖掘进行聚类分析，获得电力用户用电特性的聚类知识，为电力公司制订营销策略奠定基础。因此，数据挖掘技术可以更有效地处理电力系统运行信息数据，帮助电力企业、系统调度人员等决策者分析电力系统运行状态，统计电能质量事件，了解电力负荷曲线特性，挖掘出隐含在数据内部的深层次信息，提取出数据库中有价值的知识，具有重要的应用价值，从而达到电力系统运行安全、优质、经济的要求。

2.3.2 数据挖掘的方法

如前所述，数据挖掘是以解决不同的任务为目的，通常针对不同的任务，会有不同类型的数据挖掘方法。

2.3.2.1 关联分析

数据关联是数据库中存在的一类重要的可被发现的知识。若两个或多个变量的取值之间存在某种规律性，就称为关联。关联可分为简单关联、时序关联、因果关联。关联分析的目的是找出数据库中隐藏的关联网。有时并不知道数据库中数据的关联函数，即使知道也是不确定的，因此关联分析生成的规则带有一定的不确定性。关联规则是揭示数据之间的相互关系，而这种关系没有在数据中直接表示出来。

关联分析的目的就是发现事物间的关联规则（或称相关程度）。关联规则的一般形式是：如果 A 发生，则 B 有百分之 C 的可能发生。

C 称为关联规则的置信度。

利用关联分析能寻找数据库中大量数据的相关联系，常用的关联规则主要算法见表 2.1。

表 2.1　　常用的关联规则主要算法

算法名称	算法描述
Apriori	一种具有影响的挖掘布尔关联规则频繁项集的算法，其核心是基于两阶段频集思想的递归算法
FP - Tree	针对 Apriori 算法的固有缺陷改进而成的，一种不产生候选挖掘频繁项集的方法
HotSpot	挖掘得到通过树状结构显示的感兴趣的目标最大化/最小化的一套规则，最大化/最小化的利益目标变量/值

2.3.2.2 时序模式分析

时序模式分析是指在序列数据和时间序列数据集合中高效而又准确地定位有意义的模式。序列数据和时间序列数据都是连续的观察值，观察值是相互依赖的，区别在于时间序列数据是一系列观察数据是相对于时间测量出来的，因此可以用时间变量 t 来索引每个观察数据，而且这种观察数据一般是按照固定的时间间隔进行的；序列数据的概念比时间序列数据的概念更广，因为序列数据不一定是时间的函数，例如 DNA 序列、购买商品的次序等。

序列分析往往应用于在数据库中查找与指定对象最相似的数据集，即按内容进行检索，常用的序列分析主要算法见表 2.2。

表 2.2　　常用的序列分析主要算法

算法名称	算法描述
平稳时间序列法	若时间序列（或随机过程）的当前元素 $y(t)$ 与其过去元素 [$y(t-1)$、$y(t-2)$ 等] 之间存在着某种关联，可以将当前元素模拟成过去元素的加权线性组合
灰色系统法	以分析和确定各因素之间的影响程度或若干个子因素（子序列）对主因素（母序列）的贡献程度而进行的一种分析方法

2.3.2.3 聚类分析

聚类分析也称为细分，基于一组数据的属性对事物进行分组，按照数据的相似性和差异性分为几个类别，同一个聚类中的事物或多或少有相似的属性，不同聚类中的事物相似性尽可能小。相异度是根据描述对象的数据属性值来计算的，距离是经常采用的度量方式。

聚类分析可以应用到客户群体的分类、客户背景分析、客户购买趋势预测、市场的细分等。与分类分析不同，分类需要先定义类别和数据训练样本，是有指导的学习；而聚类分析则是在没有给定划分类别的情况下，根据数据信息相似度进行信息聚类的一种方法，因此聚类又称为无指导的学习。

聚类分析的输入是一组未被标记的数据，根据数据自身的距离或相似度进行划分。划分的原则是保持最大的组内相似性和最小的组间相似性，也就是使不同聚类中的数据尽可能地不同，而同一聚类中的数据尽可能地相似。比如根据电力用户对供电可靠性的要求情况，可以将用户分成不同的类，各类包含哪些用户，每一类用户的特征是什么，这对电力系统运行人员来说，在进行运行方式调整时是很重要的信息。

常用的聚类分析主要算法见表2.3。

表2.3　常用的聚类分析主要算法

主要算法	算法描述
K-means	K-means算法将各个聚类子集内的所有数据样本的均值作为该聚类的代表点，算法的主要思想是通过迭代过程把数据集划分为不同的类别，使得评价聚类性能的准则函数达到最优，从而使生成的每个聚类内紧凑，类间独立。这一算法不适合处理离散型属性，但是对于连续型具有较好的聚类效果
最大期望算法（EM）	最大期望算法是一种通用的迭代优化算法，对于给定的概率模型和有残缺值的数据，可以寻找到参数最大似然估计。它先猜想每个分量的参数值，然后计算每个数据点来自K个分量中的一个概率，再根据得出的这些隶属关系概率计算出每个分量的参数，而后再重新计算隶属关系概率直至似然收敛
小波变换（wavelet transform，WT）	小波变换是一种新的变换分析方法，能够提供一个随频率改变的“时间-频率”窗口，通过变换能够充分突出问题某些方面的特征，能对时间（空间）频率进行局部化分析，从而可聚焦到信号的任意细节
人工神经网络	人工神经网络是基于模仿生物大脑的结构和功能而构成的一种信息处理系统，每个神经元按外部的激励信号做自适应变化，随着所接收到的多个信号的综合大小而呈现兴奋或抑制状态，处理信息的结果则由神经元的状态表现出来

2.3.2.4 分类分析

分类分析是找出数据库中一组数据对象的共同特点，并按照分类模式将其划分为不同的类，其目的是通过分类模型，将数据库中的数据项映射到某个给定的类。因为在分析测试数据之前，类就已经确定了，所以分类分析通常被称为有指导的学习。分类算法要求基于数据属性值来定义类，通常通过已知所属类的数据的特征来描述类。具体来说，分类分析需要构造一个分类函数（分类模型），再把具有某些特征的数据项映射到某个给定的类上。算法由以下2步构成：

（1）模型创建。通过对训练数据集的学习来建立分类模型。

（2）模型使用。使用分类模型对测试数据和新的数据进行分类。

其中的训练数据集是带有类标号的，即在分类之前，要划分的类是已经确定的。通常分类模型是以分类规则、决策树或数学表达式的形式给出。它可以应用到用户的属性和特征分析、用户满意度分析等。常用的分类分析主要算法见表2.4。

表2.4　常用的分类分析主要算法

算法名称	算法描述
决策树	决策树模型含有根、叶、中间节点，体现了输入变量与输出变量取值的逻辑关系。分类分析的建立过程就是决策树各个分支依次形成的过程，通过在一定的规则下每个分支完成对n维特征空间区域的划分，在决策树建立好之后，n维特征空间被划分成若干个小的矩形区域
人工神经网络	可以利用人工神经网络进行分类分析，关键就是选取合适的隐层数和每层的隐节点个数，二者共同决定了网络的复杂程度，从而影响分类预测的精度
贝叶斯	贝叶斯是一种研究不确定性问题的决策方法，它是一种较为简单且应用极为广泛的方法，以朴素贝叶斯分类法最为常见。目标是在训练数据样本集的基础上，通过学习和归纳输入和输出变量取值之间的规律性，以实现对新数据输出变量值的分类预测

2.3.2.5　偏差分析

偏差分析又称比较分析，目的是试图发现数据的异常情况和事物的极端特例，揭示事物偏离常规的异常现象。通过检测偏差可以寻找出观测结果与参照值之间有意义的差别，如噪声数据、信用卡欺诈行为、网络入侵检测、劣质产品分析等。所以偏差分析也可以看成是在分析的数据集中找出很少出现的模式，常规的模式可以看作是出现频率高的数据出现方式，因此，一般不存在单独的偏差分析，在进行偏差分析之前有必要对样本数据集进行关联分析，找出它们之间的相关程度，进行常规模式划分，在此基础上再进行偏差分析，也即是先采用关联规则算法进行关联分析之后，找出区别与常规模式的数据和特例。

2.3.2.6　预测

预测是采用一系列的历史序列数据作为输入，然后应用各种能处理数据周期性分析、趋势分析、噪声分析的计算机学习和统计技术来建立模型，估算这些序列未来的值。可以看出，预测建模其实就是一种映射，这种映射是将输入数据的集合映射到输出数据，因此在进行建模时，就需要根据训练集中的样本数据估计出一种映射函数来，这样就可以在给定输入数据时预测出输出值。预测广泛应用在电力负荷预测、市场占有率预测、销售量预测等市场营销效果预测分析上。常用的预测主要算法见表2.5。

表2.5　常用的预测主要算法

算法名称	算法描述
回归分析法	回归分析法就是研究变量之间的互相关系，把其中一些因素作为控制的变量，而把另一些随机变量作为因变量，利用适当的数学模型尽可能趋向于趋势变化的均值
人工神经网络	人工神经网络是通过模仿生物神经网络的行为特征来获得算法的数学模型，它可以应用在多个数据挖掘任务中，如聚类分析、分类分析，也可以应用到预测中
支持向量机（SVM）	支持向量机是根据已知训练数据的类别，求训练数据和类之间的对应关系，以预测新的数据所对应的类

从上述分析可以看出，分类分析与预测具有相似性，也会采用共同的算法（如人工神经网络法等），但是二者是存在差别的，分类分析是通过分类模型，将数据库中的数据项映射到某个给定的类别，可以看成是一种预测值为离散标号型变量的特殊预测；而普遍认为的预测是预测值为连续有数值意义的一般预测。

无论哪种预测，预测精度是一个选择算法的关键指标，但不是唯一指标，例如在算法的预测精度和算法的复杂程度之间应该要合理选择，虽然预测精度是预测算法最重要的部分，但是算法是需要根据所应用的外部环境来确定的，所以需要综合考虑。

2.4 数据挖掘的步骤

数据挖掘是一个目标导向型的技术应用和实施的完整过程，该过程从大型数据库或数据仓库中挖掘先前未知的、有效的、可实用的信息，并使用这些信息做出决策。当前，国际上主要的数据挖掘技术服务商都提出了一些标准的数据挖掘过程步骤模型，如SPSS公司提出的5A模型，包含了评估（assess）、访问（access）、分析（analyze）、行动（act）和自动化（automate）5个步骤；SAS公司提出的“SEMMA”，包含了采样（sample）、探索（explore）、修正（modify）、建模（model）和评估（assess）5个步骤。此外，一些区域组织也积极支持和推进数据挖掘过程标准，如最初由SPSS、NCR和Daimler Chrysler 3个公司提出，并得到欧盟推出的跨行业数据挖掘标准流程模型，即CRISP-DM模型，CRISP-DM模型在各种模型中占据领先位置，采用量近60%。

CRISP-DM模型将数据挖掘分为业务理解、数据理解、数据准备、分析建模、模型评估和应用部署6个步骤。在实际应用中，每个步骤的顺序不是绝对不变的，各个步骤之间相互联系，会存在反复采用的过程。

1. 业务理解

业务理解是指从业务角度理解项目的目标和需求。并将项目的目标和需求转化为一个数据挖掘问题的定义和一个实现这些目标的初步计划。这一阶段包含确定业务目标、确定数据挖掘目标和产生项目计划等一般性任务。

2. 数据理解

数据理解是在业务分析目标指导下，收集和理解原始数据，并对可用的数据进行评估。收集的数据其实就是待挖掘的数据源，是实现数据挖掘的基础。

3. 数据准备

数据准备对可用的原始数据进行一系列的组织与清洗，以便达到建模的需求。数据质量是数据挖掘结果有效性和准确性的首要前提和基本保障，所以要对影响模型质量的数据进行清洗。同时，数据挖掘所处理的数据大多分布在不同部门，存储于不同的数据库中，还需要将这些不同数据源的数据组织、整合到同一个数据挖掘库中。

4. 分析建模

分析建模是应用数据挖掘方法建立分析模型的过程。对于不同的数据挖掘任务，采用的数据挖掘算法是不同的，进而构建的数据挖掘模型也是不同的。对同一个数据挖掘任务采用的算法可能是一个，也可能是多个，最终算法的选定还需要进行综合考虑。

5．模型评估

模型评估是对建立的模型进行评估，重点考虑得出的结果是否符合业务目标和业务需求，数据挖掘的结果必须经过验证和评估之后才能在实际系统中应用。

6．应用部署

将发现的结果以及过程组织变为可使用的形式，一种是变为可读文本形式，如项目报告，作为分析人员制订决策的参考；另外一种是将结果应用到不同数据集上，开展不同的实际业务。

可以看出，数据挖掘是一个多步骤的处理过程，多步骤之间相互影响，需要反复调整，形成一种螺旋式上升的过程。比如，用户在挖掘过程中发现所选数据不好，或是使用的挖掘技术无法产生期望的结果，这时就需要反复先前的过程，甚至从头重新开始。数据挖掘质量的好坏有两个影响要素：一是所采用的数据挖掘技术的有效性；二是用户挖掘的数据质量和数量（数据量的大小）。如果选择了错误的数据或不适当属性的数据，则挖掘的结果往往不好。整个挖掘过程是一个不断反复的过程。

2.5 数据挖掘的建模过程

针对数据挖掘的 6 个步骤，以下分别对各个步骤在数据挖掘实施过程中的具体过程和内容进行详细说明。

2.5.1 业务理解

业务理解的主要目的是清楚地说明需要完成什么。在进行数据挖掘之前，首要的是了解当前面临的业务问题和需要的数据，要想充分发挥数据挖掘的价值，必须要对业务问题有清晰明确的定义，因为不同目标的项目建立的模型是完全不同的，所以必须要针对目标问题进行模型设计，为数据挖掘准备合适的数据，才能对一个数据挖掘项目的预期结果进行衡量。在进行目标说明时，如果可能，还可以将总目标以具体的小目标的形式陈述出来，有助于将问题清楚地表达，也同时有助于项目在实施过程中将大项目分解为子项目，从而提高实施的可行性和实施效率。

总而言之，针对具体的数据挖掘应用需求，首先要非常清楚：本次挖掘目标是什么？系统完成后能达到什么样的效果？因此，我们必须分析数据挖掘所要应用的领域，包括应用中的各种知识和应用目标。只有了解相关领域的有关情况，熟悉背景知识，弄清用户需求后，才能充分发挥数据挖掘的价值，得到正确的结果。

例如在电力系统中，电网调度自动化系统是电力系统正常、安全和经济运转的核心，也是电力系统自动化的核心。电力系统的变电设备和线路的检修、新设备投运、远动自动化系统的检修升级以及通信系统的检修升级等，无不是在电力调度自动化系统的监控和指挥下进行的。如果能将数据挖掘技术应用到电力调度自动化系统中，利用数据挖掘技术挖掘出更多有用的知识、模式，可以很好地支持决策系统。但是电网调度自动化的内容十分广泛，想用一个模型来完成所有的需求目标是不可能的，如果能将广泛的内容进行分解，以一个具体的小目标来表达，设计不同目的的数据挖掘模型来实现，就是可能的了。比如电力系统的运行状态一般分为正常状态、警戒状态、紧急状态、极端状态或恢复状态5个状态，不同的状态采用的运行控制方式是不同的，运行人员发出的控制操作指令也是不同的，选择针对不同运行状态的指令之前，首先要确定系统处于何种状态，利用数据挖掘技术对系统中一些具有特征的运行数据（如母线上的电压降低等）进行分类分析，就可以将电力系统的运行状态进行分类。再比如电力系统的故障之间是存在相互影响的，如果利用数据挖掘技术对给定的故障数据进行关联分析，挖掘出不同事故发生时产生的某些关系和潜在变化规律，就可以对电力系统故障提供可靠的描述。

2.5.2 数据理解

数据挖掘狭义上是指数据挖掘算法，仅仅是整个过程中的一个步骤。数据挖掘项目的实施是要在数据理解、数据准备和数据挖掘之间不断反复进行的实验性过程。通常在一个数据挖掘项目中，真正使用数据挖掘算法进行分析的工作量并不大，项目目标确定以及全部数据的理解和准备占了绝大部分时间。

数据理解是对数据挖掘所需数据的全面调查。它的第一步是对原始数据采样，然后是熟悉这些数据，以便鉴别数据的质量问题，产生对数据的洞察力，形成对数据隐含信息的假想。数据挖掘是为了发现隐藏在海量数据中的令人感兴趣的有用信息，因此明确发现何种知识就成为整个过程中第一个也是最重要的一个阶段。在数据理解过程中，数据挖掘人员必须和专业领域以及最终用户紧密协作，一方面明确项目工作对数据挖掘的要求；另一方面通过对比以确定选用何种学习算法，为后续工作奠定基础。通过将用户和分析者的经验和知识相结合，既可以减少工作量，又能使挖掘工作更有目的性，更加有效。

数据理解阶段又可以细分为数据采样和数据质量评估两个部分。

1. 数据采样

为了满足数据挖掘对各种复杂数据的需求，先要对数据进行采样，这个采样不是漫无目的的，而是有针对性的，所以在数据采样前首要考虑的问题包括以下内容：

（1）哪些数据源可用，哪些数据与当前挖掘目标相关；如何将一些冗余或是无关的数据去除。

（2）如何保证取样数据的质量。

（3）是否在足够大的范围内有代表性。

（4）数据样本取多少合适。

（5）如何分类（训练集、验证集、测试集）。

在明确了需要进行数据挖掘的目标后，接下来就需要从业务系统中抽取出一个与挖掘目标相关的样本数据子集。抽取数据的标准包括相关性、可靠性和实时性。而不是动用全部企业数据，通过对数据样本的精选，能进一步减少数据处理量，节省系统资源，而且能通过数据的筛选，可以使想要反映的规律性更加凸显出来。

在进行数据采样时，常用的采样方法如下：

（1）随机采样。在采用随机采样方式时，数据集中的每一组观测值都有相同的被采样的概率。如按10%的比例对一个数据集进行随机采样，则每一组观测值都有10%的机会被取到。

（2）等距采样。如按5%的比例对一个有100组观测值的数据集进行等距抽样，则有100×5%=5组观测值被采样，等距采样方式是取第20、第40、第60、第80和第100组观测值。

（3）分层采样。分层采样时，首先将样本总体分成若干层次（或者说分成若干个子集），在每个层次中的观测值都具有相同的被选用的概率，但对不同的层次可设定不同的概率。这样的采样结果可能具有更好的代表性，进而使模型具有更好的拟合精度。

（4）从起始顺序采样。这种采样方式是从输入数据集的起始处开始采样，采样的数量可以给定一个百分比，或者就直接给定选取观测值的组数。

（5）分类采样。在前述几种采样方式中，采样的单位是一类观测值。分类采样是按观测对象的某种属性进行区分，如按客户名称分类、按供电区域分类、按电压等级分类等，显然在同一类中可能会有多组观测值。分类采样的选取方式就是前面所述的几种方式，只是采样以类为单位。

2. 数据质量评估

进行数据采样时一定要严把质量关，在任何时候都不要忽略数据的质量，即使是从一个数据仓库中进行数据采样，也不要忘记检查数据质量，因为数据挖掘是要探索企业运作的内在规律性，如果原始数据有误，就很难从中探索变化规律；如果从有误的数据中探索出来了“规律性”，再按此规律去指导工作，就很有可能产生误导。如果从正在运行的系统中进行数据采样，则更需要注意数据的完整性和有效性。数据质量主要体现在数据的有效性、准确性、一致性、完整性和整合性等方面，具体评估采样数据质量的标准包括以下内容：

（1）资料完整无缺，各类指标项齐全。

（2）数据准确无误，反映的都是正常（而不是反常）状态下的水平。

2.5.3 数据准备

数据准备阶段又可以进一步分为数据清洗、数据集成、数据选择3个子部分。数据清洗就是消除噪声或不一致数据；数据集成将多文件或多数据库运行环境中数据进行合并处理，并把数据变换统一成适合挖掘到的形式，如通过汇总或转换操作，建立统一的数据库；数据选择就是从数据库中检索与挖掘任务相关的数据，辨别出需要分析的数据的集合，缩小处理的范围，提高数据挖掘的质量。

1. 数据清洗

采样数据中的缺失值和不良值如何处理；当采样数据维度过大，如何进行降维处理……这些都是数据清洗需要解决的问题。由于采样数据中常常包含许多含有噪声或不完整，甚至是不一致的数据，在进行建模前必须先对数据挖掘所涉及的数据对象进行清洗处理。只有对数据进行清洗，改善数据质量，才能最终达到完善最终的数据挖掘结果的目的。数据清洗主要包括以下内容：

（1）数据筛选。通过数据筛选可从观测值样本中筛选掉不希望包括进来的观测值。对于离散变量可给定某一类数据的类值说明，不符合类值说明的观测值就排除于采样范围之外。对于连续变量可以指定变量的变化范围，如果其值大于或小于这个范围，这些观测值就排除于采样范围之外。

（2）数据标准化。大部分情况下，数据挖掘所处理的数据来源于企业的不同部门，分布在不同的数据库中，这就需要对类型不同的数据进行某种转换操作，然后将转换后的值作为新的变量存放在样本数据库中。转换的目的是为了消除数据之间不同量纲带来的计算影响，从而使数据具有可比性，使数据和将来要建立的模型能更好地拟合。例如，人工神经网络模型就要求所有的输入数据值在 0～1；同样一些决策树模型就不接受数值型变量作为输入，在使用这些数据之前先要把这些数据映射到“高、中、低”等。常用的数据变量转换有取平方根、倒数、幂、对数、开方等，当然，也可给定一个公式进行转换，如何进行标准化可以根据研究目的进行选择。

（3）缺失值处理。数据缺失在许多研究领域中都是一个复杂的问题。对数据挖掘来说，空值的存在会造成的影响有：系统丢失了大量的有用信息；系统中所表现出的不确定性更加显著，系统中蕴含的确定性成分更难把握；包含空值的数据会使挖掘过程陷入混乱，导致不可靠的输出。

数据挖掘算法本身更致力于使原本数据适合于所建的模型，这一特性使得它难以通过自身的算法很好地处理不完整数据。因此，空缺的数据需要通过专门的方法进行推导、填充，以减少数据挖掘算法与实际应用之间的差距。最为普遍的做法是采用绝对均值法来填充缺失值。

（4）坏数据处理。如果抽取数据中存在坏数据（不良数据），则需要对坏数据进行预处理，通常的做法是采用绝对均值法或莱茵达法等对样本中的坏数据进行剔除处理。

2. 数据集成

大多数情况下，用于数据挖掘的数据应该放在自身独立的数据库中，但是数据挖掘所处理的数据又往往分布在企业不同部门的不同数据库中，在对这些数据进行清洗之后需要进行集成，即建立数据挖掘自己的挖掘库。在进行数据集成时，需要把繁杂的样本数据信息进行数据规约，简化以后存储在数据库中，避免数据的不一致性。

3. 数据选择

数据选择是希望在数据挖掘库中检索出对输出影响最大的数据，缩小数据处理的范围，提高数据处理的效率，因为一个数据库所包含的数据是成千上万的，如果所有的数据都纳入到模型中去进行处理，不仅降低运算效率，还有可能增加模型挖掘出数据间变化规律性的难度。

如前所述，在进行数据采样时是带着人们对如何达到数据挖掘目的的先验认识进行操作的，这些先验认识来自于进行数据采样时具备的专业技术知识，有助于进行有效的观察，选取相关的数据，但是这些数据是否达到原来设想的要求，其中有没有明显的变化规律和变化趋势，有没有出现从未设想到过的数据状态，数据之间相关性大小如何……这些复杂关系是不可能依靠人工的专业知识就能简单建立起来的，所以要采用算法对这些数据进行检索、审核和必要的加工处理，保证数据的质量，进而也保证数据挖掘的质量。数据选择常采用的方法有以下两种：

（1）主成分分析（PCA）。主成分分析是指用几个较少的综合指标来代替原来较多的指标，而这些较少的综合指标既能尽可能多地反映原来较多指标的有用信息，且相互之间又是无关的。

主成分分析运算就是一种确定一个坐标系统的直角变换，在这个新的坐标系统下，变换数据点的方差沿新的坐标轴得到了最大化。这些坐标轴经常被称为主成分。主成分分析运算是一个利用了数据集的统计性质的特征空间变换，这种变换在无损或很少损失了数据集的信息的情况下降低了数据集的维数。

（2）属性选择。因为采集的数据中，数据的每一个属性对于整个数据的挖掘结果的作用不是完全对等的，一些属性对结果的影响占主导地位，一些属性对结果的影响不大，甚至没有影响。采用相应的算法，对数据的属性值进行评估，如去掉某个属性后对挖掘结果无影响，则可减少后续挖掘算法的运行时间，同时也能有效地去除数据中含有的噪声数据。

属性选择用于对属性进行筛选，搜索数据集中全部属性的所有可能组合，找出效果最好的那一组属性。为实现这一目标，必须设定属性评估和搜索策略。属性评估是对属性或是属性子集进行评估确定，决定了怎样给一组属性安排一个表示它们好坏的值；搜索策略确定搜索算法，决定了要怎样进行搜索。

如果建模数据集的维度较高，或输入属性与输出属性的相关性不明确时，对其进行属性选择是必要的步骤。综合考虑应用实现的复杂性，可使用标准属性选择方法，用一个评估标准对属性的有用性进行度量，可选用多种方法进行属性评价，选出5～10个不同的属性，然后对于处理后的数据集进行测试，综合评价维度削减前后的模型的性能及效果。

2.5.4 分析建模

分析建模是指在为实现数据挖掘目标而对数据进行理解和准备之后执行数据挖掘算法的过程。对于不同的数据挖掘目标，其构建的数据挖掘模型是不同的，最终挖掘到的知识也是不同的，相同的数据挖掘目标，也可以用到不同的数据挖掘模型，最终选定的模型需要考虑待处理数据的特性、模型的算法原理和实现机制，以及数据分析人员对模型的熟悉程度等因素。

分析建模的重点在于针对数据挖掘的目标和处理要求，选择合适的数据挖掘算法。在数据采样并准备好后，接下来要考虑的是：本次建模属于数据挖掘应用中的哪类问题，比如分类分析、聚类分析、关联分析还是预测分析，在目标明确化后，就要决定选用哪种算法进行模型构建，如何实施。不同的数据挖掘任务目标，对应的算法也是有差异的，正确选择数据挖掘算法是数据挖掘过程中具有关键性的一步。算法是模型的体现，公式又是算法的具体化，公式可以产生与输入数据有相似变化规律和特性的输出，是采样数据轨迹的概括；如果算法选择不当，就有可能产生输出结果与预期误差较大的情况，这就需要改换算法。所以对于算法选择来说，是一个反复的过程，需要仔细考察不同的算法以判断哪个算法对分析建模最有用。

例如在电力系统中，负荷预测对系统的规划、运行、调度和营销起着至关重要的作用，而随着我国经济转型和迅速发展，用电结构变化日趋复杂，电力供应的不确定性日益显著，电力负荷预测增加了难度，但同时也对预测精度提出了更高的要求。如果利用数据挖掘技术来进行电力负荷预测，数据挖掘的目标是显而易见的，就是进行预测分析。进行预测分析的算法有多种，如传统的回归法、人工神经网络法、支持向量机法等，每一种算法都有自身的适应性和优点，但也会具有局限性和缺点，同时还对输入数据有不同的要求。常常采取的办法是采用不同的预测算法来进行预测，即对相同的数据挖掘目标，采用不同的数据挖掘模型。在计算得到不同预测算法的预测结果之后，一般是利用预测精度作为选择模型算法的关键指标，以此来做出判断和选择。预测精度是一个重要指标，但绝不是唯一指标，有时候也会牺牲一些预测精度来换取模型算法复杂性的降低，比如某个算法对输入数据的格式要求不同，要求过于复杂，就需要经常返回到数据准备阶段对数据进行重新处理，增加了执行的难度。所以相对简单的模型算法在实际工程应用中必然也会更容易实现，因此在对算法进行选择时还是要根据模型应用的环境等综合因素进行考虑。

2.5.5 模型评估

数据挖掘的结果必须经过验证和评估之后才能在实际系统中应用，这里的评估不只是狭义的只对挖掘结果进行评估，还应该包含对数据挖掘过程中的每个处理环节和步骤进行验证和评估，以明确整个数据挖掘过程中没有发生错误。当然对数据挖掘结果的质量、有效性和合理性的评估是整个模型评估的重点。对模型进行评估还是进行模型算法选择的重要依据，不同的算法会得到不同的分析结果，利用模型评估就能清晰解释算法选择的原因。

模型评估通常分两步：第一步是直接使用原来建立模型的样本数据来进行检验，这一步如通不过，说明所建立的决策支持的数据信息价值不大，一般来说，在这一步应得到较好的评价，说明确实从这批样本数据中挖掘出了符合实际的变化规律；第二步是另外找一批样本数据进行检验，已知这些数据是反映客观实际的、具有规律性的，这次的检验效果可能会比前一步差，但要注意差异性大小，若是超出容许范围，则要考虑第一步构建的样本数据是否具有充分的代表性，或是建立的模型本身是否够完善，此时可能要对前面的环节步骤进行反思，若这一步也得到了肯定的结果，那所建立的数据挖掘模型就应该得到很好的评价。

在进行模型评估时，评估指标可能不同，但是评估的方法和过程是一样的，以常用的预测模型评估、分类模型评估和聚类模型评估为例进行说明。

2.5.5.1 预测模型评估

根据采样数据集训练出来的预测模型是不能用该数据集进行评估的，因为评估的结果是不能全面反映预测模型的性能的，需要一组没有参与模型建立的数据集进行评估，这组独立的数据集称为测试集，基于测试集的预测结果，通常采用绝对误差、相对误差、平均绝对误差、均方误差、均方根误差、平均绝对百分误差等指标来衡量。

1. 绝对误差与相对误差

设 Y 表示实际值，$\hat{Y}$ 表示预测值，E 表示绝对误差（absolute error），则计算公式为

$$E=Y-\hat{Y} \tag{2-1}$$

称 e 为相对误差（relative error），计算公式为

$$e=\frac{Y-\hat{Y}}{Y} \tag{2-2}$$

有时相对误差也用百分数表示，即

$$e=\frac{Y-\hat{Y}}{Y}\times 100\% \tag{2-3}$$

绝对误差与相对误差都是一种直观的误差表示方法。

2. 平均绝对误差

平均绝对误差（mean absolute error，MAE）定义为

$$\text{MAE}=\frac{1}{n}\sum_{i=1}^{n}|E_i|=\frac{1}{n}\sum_{i=1}^{n}|Y_i-\hat{Y}_i| \tag{2-4}$$

式中 MAE——平均绝对误差；

E_i——第 i 个实际值与预测值的绝对误差；

Y_i——第 i 个实际值；

$\hat{Y}$——第 i 个预测值。

由于预测误差有正有负，为了避免正负相抵消，故取误差的绝对值进行综合并取其平均数，这是误差分析的综合指标法之一。

3. 均方误差

均方误差（mean squared error，MSE）定义为

$$\text{MSE}=\frac{1}{n}\sum_{i=1}^{n}E_i^2=\frac{1}{n}\sum_{i=1}^{n}(Y_i-\hat{Y}_i)^2 \tag{2-5}$$

式中 MSE——均方误差。

均方误差是预测误差平方之和的平均数，它避免了正负误差不能相加的问题。本方法用于还原平方失真程度，由于对误差 E 进行了平方，加强了数值大的误差在指标中的作用，从而提高了这个指标的灵敏性。均方误差也是误差分析的综合指标法之一。

4. 均方根误差

均方根误差（root mean squared error，RMSE）定义为

$$\text{RMSE}=\sqrt{\frac{1}{n}\sum_{i=1}^{n}E_i^2}=\sqrt{\frac{1}{n}\sum_{i=1}^{n}(Y_i-\hat{Y}_i)^2} \tag{2-6}$$

式中 RMSE——均方根误差。

均方根误差是均方误差的平方根，代表了预测值的离散程度，也称为标准误差，最佳拟合情况为 RMSE=0。均方根误差代表两种估算值的变异程度指标，均方根误差也是误差分析的综合指标法之一。

5. 平均绝对百分误差

平均绝对百分误差（mean absolute percentage error，MAPE）定义为

$$\text{MAPE}=\frac{1}{n}\sum_{i=1}^{n}\left|\frac{E_i}{Y_i}\right|=\frac{1}{n}\sum_{i=1}^{n}\left|\frac{Y_i-\hat{Y}_i}{Y_i}\right| \tag{2-7}$$

式中 MAPE——平均绝对百分误差，一般认为 MAPE 小于 10 时，预测精度较高。

2.5.5.2 分类模型评估

分类分析除了可以采用预测模型中通常采用的误差检验指标集合来评估外，还常常采

用受试者工作特性曲线（receiver operating characteristic，ROC）来评估，具体过程如下：ROC曲线是一种非常有效的模型评价方法，可为选定临界值给出定量提示。将灵敏度（sensitivity）设在纵轴，特异性（1 - specificity）设在横轴，就可得出ROC曲线图。该曲线下的积分面积（area）大小与每种方法的优劣密切相关，反映分类器正确分类的统计概率，其值越接近1，说明该算法效果越好。

2.5.5.3 聚类模型评估

聚类分群效果可以通过向量数据之间的相似度来衡量，向量数据之间的相似度定义为两个向量之间的距离（实时向量数据与聚类中心向量数据），距离越近则相似度越大，即该实时向量数据归为某个聚类。常用的相似度计算方法有欧式距离法（euclidean distance）、皮尔逊相关系数法（pearson correlation coefficient）等。

欧式距离计算公式为

$$d(x,y)=\sqrt{\sum_{i=1}^{n}(x_i-y_i)^2} \tag{2-8}$$

式中 $d(x,y)$——实时向量与聚类中心向量的距离；

x_i——第 i 个实时向量；

y_i——第 i 个聚类中心向量。

2.5.6 应用部署

数据挖掘模型建立并评估可行性之后，就要进行实际应用，一种是将模型提供给分析人员进行参考，辅助制订决策，例如把模型的聚类、预测或相关规则结果以图、表、文本的形式提交给分析人员，利用模型结果指导决策的制订；另一种是将模型应用到不同的数据集上，开展针对不同业务目标的数据挖掘，即将模型与其他的一些业务应用系统进行合并，形成从业务处理到业务分析一体化、自动化的应用。例如在电力系统中，需求侧管理的应用程序就要集成负荷预测模型，向系统营销人员提供对用户进行需求侧管理实施的建议；在电网调度制度化系统中就要集成系统的状态分析模型，向系统调度运行人员提供制订运行方式决策的参考。

此外，在复杂的应用系统中，还常常将数据挖掘到的知识与专业领域的专家知识结合起来，然后应用到数据库中的数据，这样既包含了数据挖掘发现的知识，也包含了专业人员在实践中总结出的规律，使系统更具有专业性和有效性。

在数据挖掘模型应用部署之后，还需要不断监控模型的效果，因为事物在不断发展变化，即使模型在初始阶段非常成功，随着事物的发展，在一段时间之后，模型结果就有可能不再反映事物变化的规律了，例如电力系统的电力供需是会随着电力负荷的增长而发生变化的，随着电力负荷的发展，系统有可能从原来供电富余的状态转变为供电紧缺的状态。因而，需要不断对模型进行重新测试、调整、完善，甚至需要重新建立模型。

2.6 常用的建模原理及算法

由于数据挖掘能分析出数据有用信息，能给企业带来显著的经济效益，这使得数据挖掘技术越来越普及。例如在销售数据中发掘顾客的消费习惯，从交易记录中找出顾客偏好的产品组合，找出流失顾客的特征等都是零售业最常见的实例；利用好的数据挖掘技术分析电力用户群的消费行为与交易记录，结合基本运行数据，并且依据其对供电可靠性要求的高低来区分顾客，进而达到差异化营销的目的；制造业对数据挖掘的需求多运用在品质管控上面，从制造过程中找出影响产品质量最重要的因素，以期提高作业流程的效率；金融业可以利用数据挖掘来分析市场动向，并预测个别公司的运营走向。

实际的数据挖掘项目都是将需要解决的特定问题先转换为一个或是几个数据挖掘任务，而这些任务的解决是要采用具体的数据挖掘模型和算法来实现的。根据项目目的划分的数据挖掘任务是不同的，不同的任务采用的模型和算法同样也不相同，即使是同样的任务也有可能采用不同类型的模型算法。

2.6.1 分类与回归建模原理及算法

2.6.1.1 建模原理

1. 分类建模原理

所谓分类（classification）就是指将数据映射到预先定义好的类别中。因为在数据准备之前，类别就已经确定了，所以分类通常被称为有监督的学习。分类算法要求基于数据属性值来定义类别，通常通过已知所属类别的数据的特征来描述类别。

分类需要构造一个分类函数（分类模型），再把具有某些特征的数据映射到某个给定的类别上，该过程由以下步骤构成：

（1）模型创建。通过对训练数据集的学习来建立分类模型。

（2）模型使用。使用分类模型对测试数据和新的数据进行分类。

2. 回归建模原理

回归（regression）是首先假设一些已知类型的函数（例如线性函数、Logistic 函数等）可以拟合目标数据，然后利用某种误差分析确定与目标数据拟合程度最好的函数，再用具有属性的历史数据预测未来趋势。

回归模型的函数定义与分类模型相似，主要差别在于分类模型采用离散预测值（例如类标号），而回归模型采用连续预测值。在这种观点下，分类和回归都可以看作是预测问题。

2.6.1.2 主要算法

1. 决策树法（decision tree，DT）

决策树法是一种最为传统而经典的监督学习算法，是一种广泛应用的基于树结构产生分类和回归模型的统计过程。其突出特征是其应用的模型机构是决策树，决策树分为分类树和回归树两种，分类树对离散变量做决策树，回归树对连续变量做决策树。它的核心是依据训练样本数据的属性与标注类别之间的关系，通过递归的形式将其分割成子节点。最终，决策树会产生一系列的 If - Then 规则，从而对未标注的样本数据进行预测。图 2.1 展示了一个简单的决策树结构，在整个决策树中，每个非叶子节点都会产生两个子节点，因此又被称为二叉树，二叉树是最常见也是目前应用最为广泛的决策树结构。

决策树的三大经典通用算法包括 ID3、C4.5 和 CART（classification and regression tree）算法。他们都遵循同样一个引导原则，即自顶向下递归的分而治之方式，其中每个

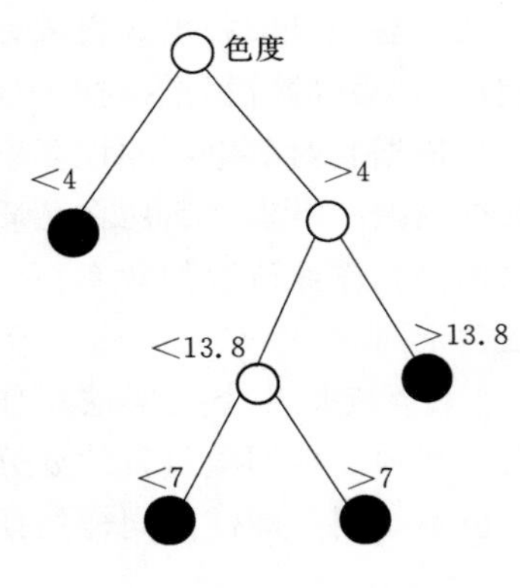

图 2.1 决策树结构

节点都和数据集的一部分关联，只有一个根节点包含所有数据，并且权值初始时都是在每个节点上，都采用分而治之的算法，找到最佳分割数据集的分割点，直到所有节点都成为叶子节点不需要再分为止，此节点的所有样本都属于同一类别。可以看出对数据进行分割时需要有一个属性评价标准，所以设计一个有效的决策树引导算法其实就是设计一个有效的评价标准。

（1）ID3 算法。ID3 算法是最为传统的决策树引导算法，它只能处理离散型的数据属性，而不能处理连续性的数据属性。它是基于最大信息增益的规则，每次选取能够使被分割集合具有最大信息增益的属性。

假设训练集中所有的属性都是离散型的，第 j 个属性具有 N_j 个离散值，那么这个属性将会把集合 X 引导为 N_j 个子集，每个子集针对这一属性有一个固定值。进一步假设集合 X 中的类别个数为 L，那么 X 的不确定性可以通过传统的信息熵来定义，即

$$f(x)=-\sum_{i=1}^{L}p_i\lg 2p_i \tag{2-9}$$

式中　p_i——第 i 个类在集合 X 中的概率。

如果 X 被第 j 个属性分割后的子集表示为 X_1，X_2，…，X_{N_j}，那么 X 针对第 j 个属性的信息增益可以表示为

$$\text{Information Gain}(X,j)=f(X)-\sum_{k=1}^{N_j}\frac{|x_k|}{|x|}f(X_k) \tag{2-10}$$

ID3 算法会选择能够使 X 获得最大信息增益的属性将其进行分割。同样的过程以递归的形式继续应用于分割之后获得的子节点，直至所有节点都变成叶子节点。

（2）C4.5 算法。C4.5 算法是另一种分类决策树算法，它继承了 ID3 算法的优点，并进行了改进：提出了分割点的概念，针对一个连续型的属性，要在其最大值与最小值之间找到合适的分割点，才能将这个集合分割成不同的子集，完成决策树的引导。通常情况下，将一个属性的所有可能值按照升序或是降序排列后，任何两个连续值的平均值都可以作为此属性的一个分割点。C4.5 算法将以上信息增益进行了改进，提出了一种更为有效的引导规则：增益率（gain ratio）。以二叉树为例，假设第 j 个连续属性根据它的第 i 个分割点将集合 X 分割成了两个子集 X_1 和 X_2，那么增益率可以定义为

$$\text{Gain Ratio}(X,j,i)=\frac{\text{Information Gain}(X,j,i)}{-\frac{|x_1|}{|x|}\lg 2\frac{|x_1|}{x}-\frac{|x_2|}{x}\lg 2\frac{|x_2|}{x}} \tag{2-11}$$

C4.5 算法对离散型属性的分析与 ID3 算法是类似的，即每个取值对应一个节点分支，根据这些取值求取一个详细增益，再进一步获得增益率。对连续性属性的分析要相对复杂，因为分割点的个数往往比较大，C4.5 算法会将所有连续性与非连续性的属性进行比较，从中选取能够使 X 获得最大增益率的属性将其分割。同样的过程以递归的形式继续应用于分割之后获得的子节点，直至所有节点都变成叶子节点，或者满足了一定的停止

准则。

（3）CART 算法。CART 算法是一种解决分类和回归问题的二叉树算法，它先采用二分递归分割技术，将当前样本集分割成两个样本子集，实现递归地划分自变量空间；再用验证数据进行剪枝，使得生成的决策树的每个非叶子节点都有两个分支。CART 算法与 C4.5 算法的框架类似，都是将所有属性的性能进行评价，从而选取最优的对节点进行分割。不同的是，CART 算法使用了一种区别于信息熵的指标来进行这个评价过程，即基尼系数（gini index）。同样假设集合 X 中的类别个数为 L，那么 X 的基尼系数定义为

$$\mathrm{Gini}(X)=1-\sum_{i=1}^{L}p_i^2 \tag{2-12}$$

式中　p_i——第 i 个类在集合 X 中的概率。

通常情况下，一个集合的纯度越大，基尼系数则越小；而纯度越小，基尼系数则越大。从这个特征上来讲，基尼系数与信息熵是非常类似的评价标准。

CART 算法最大的优点是将模型的验证和最优通用树的发现嵌在了算法之中，它先生成一颗非常复杂的树，再根据交叉验证和测试集验证的结果对树进行剪枝，从而得到最优的通用树，这棵树是根据剪枝后不同版本的树在测试集数据上的性能得到的，复杂树很少能在备用数据上表现出好的性能，因为对训练数据来说，它是过适应的，使用交叉验证就能克服过适应性，得到最适应未来数据的树。

2. 人工神经网络法

人工神经网络又称 ANN（artificial neural network），是机器学习学科中非常重要的一个组成部分。人工神经网络就是基于模仿生物大脑的结构和功能而构成的一种信息处理系统（计算机）。粗略地讲，大脑是由大量神经细胞或神经元组成的，每个神经元可看作是一个小的处理单元，这些神经元按某种方式连接起来，形成大脑内部的生理神经元网络。这种神经元网络中各神经元之间连接的强弱，按外部的激励信号做自适应变化，而每个神经元又随着所接收到的多个接收信号的综合大小而呈现兴奋或抑制状态。现已明确大脑的学习过程就是神经元之间连接强度随外部激励信息做自适应变化的过程，而大脑处理信息的结果则由神经元的状态表现出来。由于我们建立的信息处理系统实际上是模仿生理神经网络，因此称它为人工神经网络。

神经网络具有两个最基本的特征：一是模型由一组自适应的权重组成，这些权重模拟了神经元之间的连接关系，并且通过一个学习过程得到；二是神经网络可以模拟数据之间的非线性关系。人工神经网络通常都能实现对某种算法或函数的逼近，可以看作是一种对逻辑策略的表达。前馈神经网络是目前研究最为成熟、应用最为广泛的一种，如图 2.2 所示。

前馈神经网络一般由以下几层组成：

（1）输入层。包含了大量用作接收非线性信息的节点，而接收到的信息称为输入向量。

（2）隐含层。是存在于输入层和输出层之间的由众多节点和链接组成的各个层面。隐含层可以是多层，也可以是单层，一般一层就有足够的效力，隐含层的节点可以自由设定，但是数目越多，神经网络的非线性越显著，从而网络的鲁棒性也越好。

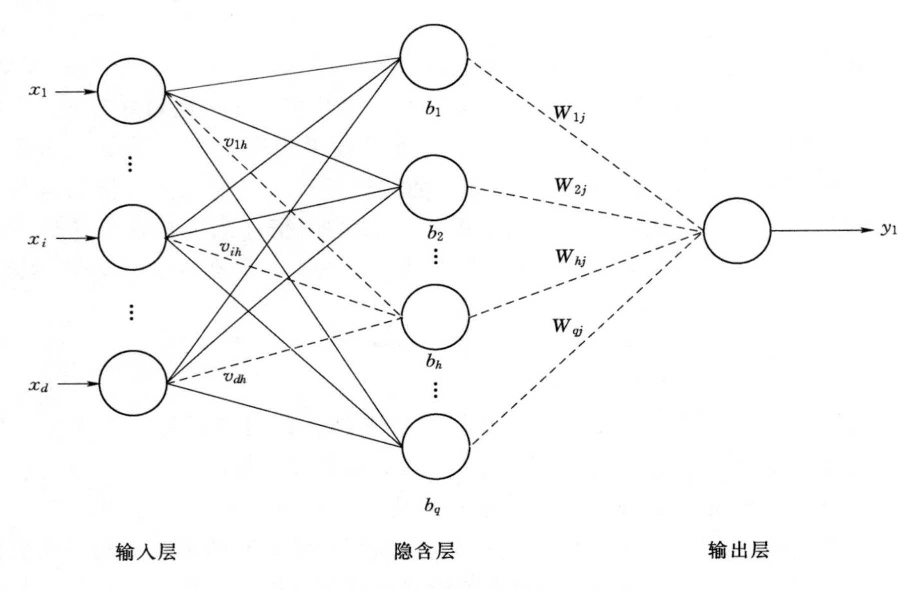

图 2.2 单隐藏层前馈神经网络结构

(3) 输出层。信息在不同节点中传输、分析、计算，最后形成输出结果，输出信息称作输出向量。

以单层前馈神经网络为例，对隐含层每个节点进行以下操作：

$$b_h = f(\alpha_h - \gamma_f) \tag{2-13}$$

其中
$$\alpha_h = \sum_{i=1}^{d} v_{ih} x_i$$

式中 α_h——第 h 个隐含层神经元的输入；

v_{ih}——输入层和隐含层之间的权重；

γ——隐含层的阈值。

对输出层每个节点进行以下操作：

$$\overline{y}_j^k = f(\beta_j - \theta_j) \tag{2-14}$$

其中
$$\beta_j = \sum_{h=1}^{q} w_{hj} b_h$$

式中 β_j——第 j 个输出神经元的输入；

w——隐含层和输出层之间的权重；

θ——输出层的阈值。

在神经网络学习过程中，主要通过确定损失函数（loss function）来进行目标优化，公式为

$$E_k = \frac{1}{2} \sum_{j=1}^{l} (\overline{y}_j^k - y_j^k)^2 \tag{2-15}$$

优化过程可以根据梯度下降原理对网络进行训练，即使用输出层与输入层对应的目标输出的误差来反向调整整个神经网络权重，即

$$g_j=-\frac{\partial E_k}{\partial \overline{y}_j^k}\frac{\partial \overline{y}_j^k}{\partial \beta_j} \tag{2-16}$$

$$e_h=-\frac{\partial E_k}{\partial b_h}\frac{\partial b_h}{\partial \alpha_h} \tag{2-17}$$

$$w_{hj}=w_{hj}-\eta\frac{\partial E_k}{\partial w_{hj}} \tag{2-18}$$

$$v_{ih}=v_{ih}-\eta\eta\frac{\partial E_k}{\partial v_{ih}} \tag{2-19}$$

3. *支持向量机法*（support vector machine，SVM）

“机（machine）”实际上是一个算法。在机器学习领域，常把一些算法看作是一个机器（又称学习机器，或预测函数、学习函数）。“支持向量”则是指训练集中的某些训练点，这些点最靠近分类决策面，是最难分类的数据点。SVM 是一种有监督学习方法，即已知训练点的类别，求训练点和类别之间的对应关系，以便将训练集按照类别分开，或者是预测新的训练点所对应的类别。

SVM 主要针对小样本数据进行学习、分类和预测，能解决神经网络不能解决的过学习问题。SVM 对于线性不可分的情况，通过使用非线性映射算法将低维输入空间线性不可分的样本转化到高维特征空间，采用线性算法对样本的非线性特征进行线性分析；同时，SVM 基于结构风险最小化理论，在特征空间中构建最优分割超平面，使得学习机得到全局最优化，并且在整个样本空间的期望风险以某个概率满足一定上界。

SVM 解决线性不可分情况的技术是核方法，又称 kernel trick。它利用一个核函数 $K(x_i-x_j)$ 将样本从原始的低维空间映射到一个高维空间中，从而使样本在特征空间中变得线性可分，常用的核函数采用的是高斯核，即：

$$K(x_i,x_j)=\exp\left(-\frac{\| x_i-x_j \|}{\sigma^2}\right) \tag{2-20}$$

通常情况下，为了构建一个具有更高泛化性能的学习机，通过拉格朗日方法，可以得到 SVM 的决策函数，即

$$f(x)=\sum_{i=1}^{l}(\alpha_i^*-\alpha_i)K(x_i,x)+b \tag{2-21}$$

式中 $\alpha_i^*-\alpha_i$——优化问题过程中得到的拉格朗日算子。

最终，SVM 分类器可以表示为

$$h(x)=\text{sign}[f(x)] \tag{2-22}$$

这个决策函数得到的决策值与分类结果的确定性是相关的，即 $h(x)$ 的绝对值越大，x 离分类超平面的距离就越远，针对它的分类结果的确定性就越高。

4. *回归分析法*

回归分析法就是研究变量之间的相互关系，把其中一些因素作为控制的变量，而把另一些随机变量作为因变量，利用适当的数学模型尽可能趋向于趋势变化的均值描述它们的关系的分析，称为回归分析。

即假定 y 与 x 相关，应有 $y=f(x)$，若有 $x_1,x_2,\cdots,x_n$ 共 n 个变量影响 y，应有 $y=f(x_1,x_2,\cdots,x_n)$，如果 $n=1$，$y=f(x)$ 就为一元回归模型；如果 $n>1$，$y=f(x)$ 就为

多元回归模型。可以是线性函数，也可以是非线性函数。对于非线性函数，一般都是转换为线性函数来研究的。

以多元线性回归模型为例，设 y 与 x_j 线性相关，$j=1,2,3,\cdots,n$，即 n 元。那么有 y 与 x_j 构成的线性关系为

$$y=b_0+b_1 \cdot x_1+b_2 \cdot x_2+\cdots+b_n \cdot x_n+e \tag{2-23}$$

式中 b_0，b_1，…，b_n——常数；

e——随机项。

若不考虑随机因素，则对应回归方程应为

$$y=b_0+b_1 \cdot x_1+b_2 \cdot x_2+\cdots+b_n \cdot x_n \tag{2-24}$$

针对 y 与 x_j 的第 i 次观察数据，就有

$$y_i=b_0+b_1 \cdot x_{i1}+b_2 \cdot x_{i2}+\cdots+b_n \cdot x_{in}+e \tag{2-25}$$

$$y_i=b_0+b_1 \cdot x_{i1}+b_2 \cdot x_{i2}+\cdots+b_n \cdot x_{in} \tag{2-26}$$

其中 $i=1, 2, \cdots, m$，即有 m 组数据取用。由式（2-25）和式（2-26），得离差平方和为

$$Q(b_0,b_1,\cdots,b_n)=\sum_{i=1}^{m}(y_i-b_0-b_1 \cdot x_{i1}-b_2 \cdot x_{i2}-\cdots-b_n \cdot x_{in})^2 \tag{2-27}$$

利用最小二乘法，取适当的参数可以使得 $Q(b_0,b_1,\cdots,b_n)$ 达到最小，求解 n 个方程组得

$$\frac{\partial Q}{\partial b_j}=0 \quad (j=1,2,\cdots,n) \tag{2-28}$$

可以得到参数 $(b_0,b_1,\cdots,b_n)$ 的估计值。

5. 朴素贝叶斯法（naive bayesian classifier，NBC）

朴素贝叶斯模型是众多分类模型中应用最为广泛的一种。NBC 模型所需估计的参数很少，对于缺失数据不太敏感，算法相对也较简单。理论上，NBC 模型与其他分类方法相比具有较小的误差率，但是实际上并非如此。因为 NBC 模型假设属性之间是相互独立的，但是这个假设在实际中往往是不成立的，这就会给 NBC 模型的正确分类带来一定影响。当数据属性之间的相关性较大时，NBC 模型的分类效率比不上决策树等模型，而在相关性较小时，NBC 模型的性能最为良好。

NBC 是一个基于概率的模型，可以简单表示为

$$P(C|f_1,f_2,\cdots,f_m) \tag{2-29}$$

式中 C——类别；

$f_1,f_2,\cdots,f_m$——m 个条件属性。

根据链式法则，这个模型可以进一步表示为

$$\begin{aligned}P(C|f_1,f_2,\cdots,f_m)&=P(C)P(f_1,f_2,\cdots,f_m|C)\\&=P(C)P(f_1|C)P(f_2,\cdots,f_m|C,f_1)\\&=P(C)P(f_1|C)P(f_2|C)P(f_3,\cdots,f_m|C,f_1,f_2)\\&=\cdots\\&=P(C)P(f_1|C)P(f_2|C)\cdots P(f_m|C,f_1,f_2,\cdots,f_{m-1})\end{aligned} \tag{2-30}$$

按照贝叶斯模型的基本假设，即每一个属性都独立于其他所有属性，对给定的一个类别 C，则

$$\left.\begin{aligned}P(f_i|C,f_j)&=P(f_i|C)\\P(f_i|C,f_j,f_k)&=P(f_i|C)\\P(f_i|C,f_j,f_k,f_l)&=P(f_i|C)\end{aligned}\right\}\quad(2-31)$$

在此情况下，可得

$$P(C|f_1,f_2,\cdots,f_2)=P(C)P(f_1|C)P(f_2|C)\cdots P(f_m|C)\quad(2-32)$$

给定具有 m 个独立属性与 N 个训练样本的集合：$X=[(x_1,y_1),(x_2,y_2),\cdots,(x_N,y_N)]$，其中 $x_i=(x_{i1},x_{i2},\cdots,x_{im})$ 是第 i 个训练样本，类别标注信息为 y_i，$i=1,2,\cdots,N$，假设类别个数为 L。

NBC 基于贝叶斯理论，可以给样本分配具有最大可能性的类别。给定一个样本 x，NBC 根据它的先验概率与条件概率，计算出它在每一个类别中的概率，从而将概率最大的类别分配给它，即

$$C=\text{argmax}_{C_{k(k=1,2,\cdots,L)}}[P(C_k)P(x|C_k)]\quad(2-33)$$

式中　$P(C_k)$——第 k 个类别的先验概率，可以通过训练样本集中第 k 个类别出现的频率获得。

训练集 X 中训练样本的个数为 N，假设第 k 个类别出现的频率为 N_k，那么可以获得 $P(C_k)=\dfrac{N_k}{N}$；而 $P(x|C_k)$ 称为类别下的条件概率，NBC 的核心问题就是如何求取 $P(x|C_k)$。如前所述，NBC 模型的基本假设就是 m 个属性之间是相互独立的，基于这个假设，如果 x 表示为 $[x_1,x_2,\cdots,x_m]$，则可以得到

$$P(x\mid C_k)=\prod_{j=1}^{m}P(x_j\mid C_k)\quad(2-34)$$

最终，对于样本 x，它的类别为

$$C=\text{argmax}_{C_{k(k=1,2,\cdots,L)}}\left[\frac{N_k}{N}\prod_{j=1}^{m}P(x_j\mid C_k)\right]\quad(2-35)$$

从式（2－35）可以看出，问题的关键在求取 $P(x_j|C_k)$，即 x 属性值在每个类别下的条件概率，目前最为经典和通用的方法是利用高斯分布来获得概率密度，每个属性值在类别下的概率密度为

$$P(x_j|C_k)=\frac{1}{\sqrt{2\pi\sigma_k^2}}\text{e}^{-\frac{(x_j-\mu_k)^2}{2\sigma_k^2}}\quad(2-36)$$

先要将训练样本的类别信息分布到 L 个子集中，即 X_k，$k=1,2,\cdots,L$，其中 X_k包含了所有第k 个类的训练样本，然后计算出第 k 个类的样本均值与方差，继而样本 x 在每个类中的概率就可以按式（2－36）获得。

2.6.2 聚类分析建模原理及算法

2.6.2.1 建模原理

所谓的聚类分析就是在没有给定划分类的情况下，根据数据信息的相似性进行数据聚

类的一种方法，因此聚类又称为无指导的学习。

分类需要先定义类别和训练样本数据，是有指导的学习，与分类不同，聚类就是将数据划分或分割成相交或不相交的群组的过程，通过对数据自身的距离或者相似性进行划分，就可以完成聚类任务。划分的原则是保持最大的组内相似性和最小的组间相似性，也就是使不同聚类中的数据尽可能地不同，而同一聚类中的数据尽可能地相似。

2.6.2.2 主要算法

1. K - means 法

K - means 算法，也被称为 K -平均或 K -均值，是一种得到最广泛使用的聚类算法，它将各个聚类子集内的所有数据样本的均值作为该聚类的代表点。算法的主要思想是通过迭代过程把数据集划分为不同的类别，使得评价聚类性能的准则函数达到最优，从而使生成的每个聚类内紧凑，聚类间独立。这一算法不适合处理离散型属性，但是对于连续型具有较好的聚类效果。

对于一个聚类任务，K - means 算法的工作过程如下：

(1) 先确定 K 个初始聚类中心，对于每一个样本根据它们与这些聚类执行的相似度，分别将它们分配给与其最相似的类别。这个相似度一般是按照样本与聚类中心的距离来确定的，常用的距离有欧式距离、曼哈顿距离或者明考斯距离，最为通常的是采用欧式距离来作为算法的相似度量。

所谓欧式距离，就是假设给定的数据集 $X=\{x_m \mid m=1,2,\cdots,total\}$，其中 X 中的样本用 d 个描述属性 A_1，A_2，…，A_d来表示，并且 d 个描述属性都是连续型属性。数据样本 $x_i=(x_{i1},x_{i2},\cdots,x_{id})$，$x_j=(x_{j1},x_{j2},\cdots,x_{jd})$ 其中，$x_{i1},x_{i2},\cdots,x_{id}$ 和 $x_{j1},x_{j2},\cdots,x_{jd}$ 分别是样本 x_i 和 x_j 对应 d 个描述属性 $A_1,A_2\cdots,A_d$的具体取值。样本 x_i和 x_j之间的相似度通常用它们之间的欧式距离 $d(x_i,x_j)$ 来表示，距离越小，样本 x_i和 x_j越相似，差异度越小；距离越大，样本 x_i和 x_j越不相似，差异度越大。具体计算公式为

$$d(x_i,x_j)=\sqrt{\sum_{k=1}^{d}(x_{ik}-x_{jk})^2} \tag{2-37}$$

(2) 将样本分配给新的聚类类别后，再计算每个聚类类别的聚类中心，这个聚类中心为所有对象的均值。接下来再根据新的聚类中心将样本按上述过程重新分配，将样本分配到与新的聚类中心最近的聚类类别中。

(3) 不断重复上述过程，直到聚类不再发生变化为止，或者是满足某个准则函数才停止，这个准则函数一般是利用误差平方和函数。

给定数据集 X，其中只包含描述属性，不包含类别属性。假设 X 包含 K 个聚类子集 X_1，X_2，…，X_K；各个聚类子集中的样本数量分别为 n_1，n_2，…，n_k；各个聚类子集的均值代表点（也称聚类中心）分别为 m_1，m_2，…，m_k。则误差平方和准则函数公式为

$$E=\sum_{i=1}^{k}\sum_{p\in X_i}\| p-m_i \|^2 \tag{2-38}$$

当聚类是密集的，且类与类之间有明显的区别的情况下，K - means 算法的聚类效果是显著的。同时，在处理大数据集时，此算法有良好的可伸缩性和较高的计算效率。但是 K - means 算法的局限是，类别个数 K 必须要事先给定，但是在实际情况下，K 值的确定

是困难的，很多时候，事先不知道给定的数据分成多少类别才是合适的，所以在 K - means 算法实施前，通常需要一个校验过程来确定 K 值。而且，K - means 算法的初始化是基于随机种子的，而这个种子对结果的影响巨大，不同的随机种子有可能得到完全不同的结果，因此如何在初始化阶段选定种子需要慎重考虑。

2. 最大期望算法（expectation - maximization，EM）

在统计计算中，最大期望算法是在概率模型中寻找参数最大似然估计或者最大后验估计的算法，其中概率模型依赖于无法观测的隐藏变量。最大期望经常用在机器学习和计算机视觉的数据聚类领域。

假设样本集 $\{x(1),x(2),\cdots,x(m)\}$ 包含 m 个独立属性的样本，但每个样本 i 对应的类别 $z(i)$ 是未知的（相当于聚类），亦即隐含变量。因此，就需要估计概率模型 $p(x,z)$ 的最大可能性参数 θ，希望通过这个概率模型参数来挖掘这个样本的结构信息，但是由于里面包含隐含变量 z，所以很难用最大似然求解，但如果 z 可知，那寻找最大可能性的估计就变得容易了。

概率模型 $p(x,z)$ 的可能性方程可以表示为

$$l(\theta)=\sum_{i=1}^{N}\log p(x;\theta)=\sum_{i=1}^{N}\log\sum_{z}p(x,z;\theta) \tag{2-39}$$

估计最大可能性参数 θ 是非常困难的，但是如果假设 $z(i)$ 是潜在的隐藏变量，寻找最大可能性的估计就变得很容易了。直接最大化可能性函数 $l(\theta)$ 十分困难，然而如果知道 $l(\theta)$ 的下界，可最大化这个下界。EM 算法就是基于这个基本思路的。它分为 E 步骤和 M 步骤，构建 $l(\theta)$ 的下界称为 E 步骤，对整个下界进行优化称为 M 步骤，EM 算法的执行过程经过以下步骤的交替来实现：

（1）第一个步骤称为 E 步骤，主要任务是计算期望，将隐藏变量能够观察到的包含在内，从而计算最大似然的期望值。

假设 Q_i 是针对 z 的某种分布，并且有 $\sum_z Q_i(z)=1(z)$，$Q_i(z)\geqslant 0$，基于詹森不等式可得

$$\log_i\sum_{z}p(x_i;\theta)=\sum_{i}\log\sum_{z_i}p(x_i,z_i;\theta)\geqslant\sum_{i}\sum_{z_i}Q_i(z_i)\log\frac{p(x_i,z_i;\theta)}{Q_i(z_i)} \tag{2-40}$$

如果给定一个分布 Q_i，就可以知道 $l(\theta)$ 的下界，同样根据詹森不等式可以进一步得

$$Q(z_i)=p(z_i\mid x_i;\theta) \tag{2-41}$$

可以将 Q_i 看作是 z_i 在给定 x_i 与 θ 之后的后验分布。在选择了 Q_i 之后，就可以得到 $l(\theta)$ 的下界。

（2）第二个步骤称为 M 步骤，主要任务是实现期望最大化，也就是在 E 步骤的基础上找到最大似然的期望值，从而计算参数的最大似然估计。然后 M 步骤找到的参数继续用于另外一个 E 步骤的计算，这个步骤不断交替直至达到优化。

固定一个 Q_i，求一个更新的 θ，使得下界 $l(\theta)$ 最大化，则

$$\theta=\operatorname{argmax}_{\theta}\sum_{i}\sum_{z_i}Q(z_i)\lg\frac{p(x_i,z_j;\theta)}{Q_i(z_i)} \tag{2-42}$$

从原理上来讲，EM 算法逐步改进了模型的参数，使参数训练和训练样本的似然概率

逐渐增大，最后终止于一个极大点。所以直观上理解，EM算法是一种逐次逼近的算法，因为事先并不知道模型的参数而是随机选择一套参数或是事先粗略给定某个初始参数，确定出对应于这组参数的最可能的状态，之后计算每个训练样本可能的概率，在当前状态下再由样本对参数修正，重新估计参数，并在新的参数下重新确定模型的状态，这样循环迭代，直至某个收敛条件满足为止。

2.6.3 时序组合模型及算法

2.6.3.1 建模原理

所谓的时序模式就是描述基于时间或者其他序列的经常发生的规律或趋势，并对其建模。它与回归分析一样，也是用历史的数据预测未来的值，但区别是这些数据变量所处时间的不同。序列模式将关联模型和时间序列模型结合起来，重点考虑数据在时间维度上的关联性。

时序模型又分为时间序列分析和序列发现。所谓时间序列分析就是用已有的数据序列预测未来，在时间序列分析中，数据的属性值是随着时间不断变化的，回归不强调数据间的先后顺序，而时间序列要考虑时间特性，尤其要考虑时间周期的层次，如天、周、月、年等，有时还要考虑日历的影响，如节假日等；序列发现是确定数据之间与时间相关的序列模型，这些模型与在数据挖掘中发现的关联规则很相似，只是这些序列是与时间相关的。

2.6.3.2 主要算法

1. 平稳时间序列法

常用的平稳时间序列模型有ARMA模型，它是目前最常用、最广泛的拟合平稳序列的模型。ARMA模型的全称是自回归移动平均模型，运用模型的前提条件是用来建立模型的时间序列是一个平稳的随机过程，但不要求是严平稳序列，宽平稳即可。

所谓平稳性是某些时间序列具有的一种统计特征，平稳时间序列有两种含义，根据限制条件的严格程度，分为严平稳时间序列和宽平稳时间序列。严平稳就是一种条件比较苛刻的平稳性的定义，它认为序列所有的统计性质都不会随着时间的推移而发生变化；宽平稳是使用序列的特征统计量来定义的一种平稳性，它认为序列的统计性质主要由它的低阶矩决定，所以只要保证序列低阶矩平稳，就能保证序列的主要性质近似稳定。

ARMA模型又可细分为自回归AR(p)模型，移动平均MA(q)模型和自回归移动平均ARMA(p,q)模型三类。

(1) 自回归AR(p)模型。如果时间序列X_t是它的前p期值和随机项的线性函数，则称该时间序列是自回归序列，即

$$X_t=\phi_1 X_{t-1}+\phi_2 X_{t-2}+\cdots+\phi_p X_{t-p}+a_t \tag{2-43}$$

式中 X_t——当前预测值；

p——模型的阶次及滞后期；

ϕ_p——自回归系数，是模型的待估参数；

a_t——随机干扰误差项。

(2) 移动平均MA(q)模型。如果时间序列X_t是它的前q期的随机误差项的线性函数，则称该时间序列是移动平均序列，即

$$X_t = a_t - \theta_1 a_{t-1} - \theta_2 a_{t-2} - \cdots - \theta_q a_{t-q} \tag{2-44}$$

式中 θ_q——移动平均系数，是模型的待估参数。

(3) 自回归移动平均 ARMA(p,q) 模型。如果时间序列 X_t 是它的前 p 期值及前 q 期的随机误差项的线性函数，则称该时间序列为自回归移动平均序列，即

$$X_t = \phi_1 X_{t-1} + \phi_2 X_{t-2} + \cdots + \phi_p X_{t-p} + a_t - \theta_1 a_{t-1} - \theta_2 a_{t-2} - \cdots - \theta_q a_{t-q} \tag{2-45}$$

ARMA 模型建模过程如图 2.3 所示。

(1) 对时间序列进行纯随机性检验与平稳性检验，用来确定时间序列是否是平稳非白噪声序列。

如果序列值彼此之间没有任何相关性，那就意味着该序列是一个没有记忆的数据序列，即过去的行为对未来的发展没有丝毫影响，称为纯随机序列。从统计角度，纯随机序列是没有任何分析价值的序列，所以为了确保平稳序列值能够分析下去，需要对平稳随机序列进行纯随机性检验。纯随机性检验又称白噪声检验，是专门用来检验序列是否为纯随机性序列的一种方法。Bartlett 证明，如果一个时间序列是纯随机性序列，得到一个观察期数为 n 的观察序列 $\{x_t, t=1,2,\cdots,n\}$，那么该序列的延迟非零期的样本自相关系数将近似服从均值为零，方差为序列观察数倒数的正态分布，即

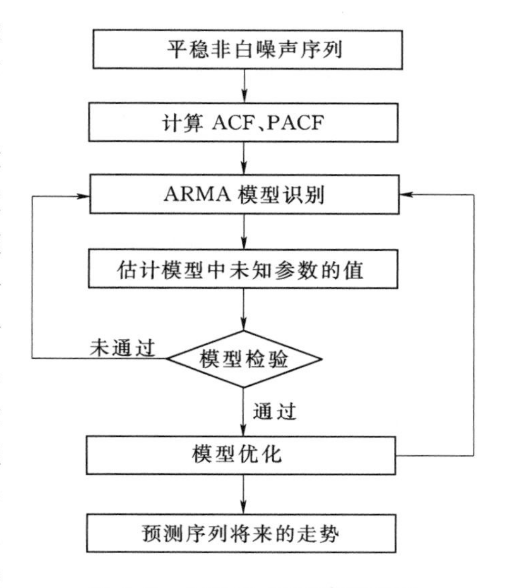

图 2.3 ARMA 模型建模过程

$$p(k) \sim N\left(0, \frac{1}{n}\right) \tag{2-46}$$

式中 k——延迟期数；

n——样本观察期数。

进而构造 Q_{BP} 和 Q_{LB} 检验统计量来验证序列的纯随机性为

$$Q_{BP} = n\sum_{k=1}^{m}\hat{p}^2(k) \sim \chi^2(\mathrm{m}) \tag{2-47}$$

$$Q_{LP} = n(n+2)\sum_{k=1}^{m}\frac{\hat{p}^2(k)}{n-k} \sim \chi^2(\mathrm{m}) \tag{2-48}$$

式中 n——序列观察期数；

m——指定延迟期数。

只需得到的检验值自相关系数小于其检验的显著性水平，则证明这个时间序列为非白噪声序列，一般检验延迟 6 阶或 12 阶（$m=6$，$m=12$）即可，因为平稳序列通常具有短期相关性，如果序列值之间存在显著的相关关系，通常只存在于延迟使其比较短的序列值之间。

关于平稳性的判断，部分时间序列图可以从时序图中简单初步判断，但更精确的是通过数据的自相关系数衰减特性来判断，若自相关系数衰减很快到 0（或者说呈负指数衰减），则具有平稳性。反之，不衰减或衰减缓慢则不具有平稳性。

(2) 计算 ACF（自相关函数）和 PACF（偏自相关函数），确定 ARMA(p,q) 模型相关阶数，即 p、q 值，从而进行 ARMA 的模型识别。

对于 ARMA 系统来说，设 X_t 是零均值化序列，则自协方差为

$$\gamma_k = E(x_t, x_{t-k}) \tag{2-49}$$

自相关函数为

$$\rho_k = \frac{\gamma_k}{\gamma_0} \tag{2-50}$$

MA(q) 的自相关函数在 $k>q$ 时为 0，所以 MA(q) 模型的自相关函数呈现 q 步截尾性。而对于 AR 和 ARMA 模型来说，它们的自相关函数永远不会精确为 0。自相关函数的截尾性是 MA 模型特有的，可以作为模型识别的依据。

偏自相关是指对于时间序列 X_t，在给定条件下，X_t 与 X_{t-k} 之间的条件相关关系，其相关程度用偏自相关函数 ϕ_{kk} 表示为

$$\phi_{kk} = \frac{D_k}{D} \tag{2-51}$$

$$D=\begin{vmatrix} 1 & \rho_1 & \cdots & \rho_{k-1} \\ \rho_1 & 1 & \cdots & \rho_{k-2} \\ \rho_{k-1} & \rho_{k-2} & \cdots & 1 \end{vmatrix} \quad D_k=\begin{vmatrix} 1 & \rho_1 & \cdots & \rho_1 \\ \rho_1 & 1 & \cdots & \rho_2 \\ \cdots & \cdots & \cdots & \cdots \\ \rho_{k-1} & \rho_{k-2} & \cdots & \rho_k \end{vmatrix}$$

对于 AR(p) 模型，当 $k>p$ 时，为 0，所以 AR(p) 模型的偏自相关函数具有 p 步截尾性，这一性质是 AR 模型所特有，而对于 MA 和 MRMA 模型，它们的偏自相关函数呈现拖尾性。

根据零均值平稳序列的自相关函数和偏自相关函数的统计特性，可以对模型进行初步识别，并确定 p 或 q 的值，识别原则见表 2.6。

表 2.6　　ARMA 模型识别原则

模　型	自相关函数	偏自相关函数
AR(p)	拖尾	P 阶截尾
MA(q)	Q 阶截尾	拖尾
ARMA(p,q)	拖尾	拖尾

(3) 估计模型中未知参数的值，也就是利用时间序列的观察值确定该模型的参数。

常用的估计方法有矩估计、极大似然估计以及最小二乘估计，对于矩估计方法，尤其低阶 ARMA 模型场合下的矩估计方法具体计算量、估计思想简单直观，且不需要假设总体分布的优点，但是在这种估计方法中只用到了 $p+q$ 个样本自相关系数，即样本二阶矩的信息，观察值序列中的其他信息都被忽略了。这导致矩估计方法是一种比较粗糙的估计方法，它的估计精度一般不高，因此它常用作确定极大似然估计和最小二乘估计迭代计算的初始值。然而极大似然充分应用了每个观测值所提供的信息，因而它的估计精度高，同时还具有估计的一致性，渐近正态性等许多优良的统计性质，是一种非常优良的参数估计方法。

参数的矩估计过程如下：用时间序列样本数据计算出延迟 1 阶到 $p+q$ 阶的样本自相关函数 $\hat{\rho}_k$，延迟 k 阶的总体自相关函数 $\rho_k(\phi_1,\phi_2,\cdots,\phi_k,\theta_1,\theta_2,\cdots,\theta_q)$，公式中包含 $p+q$ 个未知参数变量 $\phi_1,\phi_2,\cdots,\phi_k,\theta_1,\theta_2,\cdots,\theta_q$，则有 $p+q$ 个联立方程组，即

$$\left.\begin{aligned}\rho_1(\phi_1,\phi_2,\cdots,\phi_k,\theta_1,\theta_2,\cdots,\theta_q)=\hat{\rho}_1\\ \rho_k(\phi_1,\phi_2,\cdots,\phi_k,\theta_1,\theta_2,\cdots,\theta_q)=\hat{\rho}_k\\ \rho_{p+q}(\phi_1,\phi_2,\cdots,\phi_k,\theta_1,\theta_2,\cdots,\theta_q)=\hat{\rho}_{p+q}\end{aligned}\right\} \tag{2-52}$$

从中解出 $p+q$ 个未知参数变量的值作为参数估计值。

参数的极大似然估计是通过求解似然方程组得到参数最大似然估计，参数的最小二乘估计也是通过迭代法求出的，两种方法估计精度高，但是技术过程复杂，一般都是利用计算机经过复杂的迭代算法求出未知参数的。

（4）对模型和参数的显著性进行检验，进而判断模型和参数的确定是否有效。

估计出模型的参数后，还要对模型进行显著性检验，包括模型的显著性检验和参数的显著性检验。关于模型的显著性检验主要是检验模型的有效性，一个模型是否显著有效主要看它提取的信息是否充分，一个好的拟合模型应该能够提取观察值序列中几乎所有样本相关信息，换言之，拟合残差项中将不再蕴含任何相关信息，即残差序列应该为白噪声序列，这样的模型成为显著有效模型，反之，如果残差序列为非白噪声序列，那就意味着残差序列中还残留着相关信息未被提取，这就说明拟合模型不够有效，通常需要选择其他模型，重新拟合，即返回到第（2）步。反之，进行第（5）步的模型优化步骤。检验统计量为

$$Q=N\sum_{k=1}^{L(N)}\rho_k^2(N,a_t) \tag{2-53}$$

若零假设下服从分布，给定置信度 $1-a$，若满足

$$Q<\chi^2_{1-a}[L(N)-p-q] \tag{2-54}$$

则检验通过。

参数的显著性检验就是要检验每一个位置参数是否显著非零，这个检验的目的就是使模型最精简。如果某个参数不显著，即表示该参数所对应的那个自变量对因变量的影响不明显，该自变量可以从拟合模型中剔除。

（5）模型优化，让模型更加有效拟合观察值序列的波动与预测。

若一个拟合模型通过了检验，说明在一定置信水平下，该模型能够有效地拟合观察值序列的波动，但这种有效模型并不是唯一的。针对这个问题，可以引进 AIC 和 SBS 信息准则的概念来进行模型优化。

AIC 准则是一种考评综合最优配置的指标，它是拟合的精度和参数的个数的加权函数，AIC 的准则定义为

$$\text{AIC}=-2\ln(\text{模型的极大似然函数值})+2\times(\text{模型中未知参数个数})$$

使 AIC 函数达到最小的模型被认为是最优模型。

SBC 准则对 AIC 的准则的改进为将未知参数个数的惩罚权重由常数 2 变成样本容量 n 的对数 $\ln n$。SBC 准则定义为

$$SBC = -2\ln(\text{模型的极大似然函数值}) + \ln n \times (\text{模型中未知参数个数})$$

在所有通过检验的模型中使得 AIC 或 SBC 函数达到最小的模型为相对最优模型。之所以称为相对最优模型而不是绝对最优模型，是因为不可能比较所有模型的 AIC 和 SBC 函数值。只能在尽可能全面的范围里考察有限多个模型的 AIC 和 SBC 函数值，再选择其中 AIC 和 SBC 函数值达到最小的那个模型作为最终的拟合模型，因而这样得到的最优模型就是一个相对最优模型。

（6）针对上述步骤确定的模型以及阶数，在检验通过后，进行将来序列走势的预测。

所谓预测，就是要利用序列已观测到的样本值对序列在未来某个时刻的取值进行估计，目前对平稳序列最常用的预测方法是线性最小方差预测，线性是指预测值为观察值序列的线性函数，最小方差是指预测方差达到最小。

1）线性预测函数。根据 ARMA(p,q) 模型的平稳性和可逆性，可以用传递形式和逆转形式等价描述该序列，即

$$x_t = \sum_{i=0}^{\infty} G_i \varepsilon_{t-i} \tag{2-55}$$

$$\varepsilon_t = \sum_{i=0}^{\infty} I_j x_{t-j} \tag{2-56}$$

式中 G_i——Green 函数值；

I_j——逆转函数值。

有

$$\begin{aligned} x_t &= \sum_{i=0}^{\infty} G_i \left(\sum_{j=1}^{\infty} I_j x_{t-i-j} \right) \\ &= \sum_{i=0}^{\infty} \sum_{j=0}^{\infty} G_i I_j x_{t-i-j} \end{aligned} \tag{2-57}$$

显然 x_t 是历史数据 $x_{t-1}, x_{t-2}, \cdots, x_1$ 的线性函数，可简记为

$$x_t = \sum_{i=0}^{\infty} C_i x_{t-1-i} \tag{2-58}$$

对任意一个未来时刻 $t+l$ 而言，该时刻的序列值 x_{t+l} 也可以表示成它的历史数据 $x_{t+l-1}, \cdots, x_{t+1}, x_t, x_{t-1}, \cdots, x_1$ 的线性函数，即

$$x_{t+l-1} = \sum_{i=0}^{\infty} C_i x_{t+l-1-i} \tag{2-59}$$

2）预测方差最小原则。预测误差计算公式为

$$e_t(l) = x_{t+1} - \hat{x}_t(l) \tag{2-60}$$

显然，预测误差越小，预测精度就越高。因此，目前最常用的预测原则是预测方差最小原则，即

$$\mathrm{Var}_{\hat{x}_t(l)}[e_t(l)] = \min\{\mathrm{Var}[e_t(l)]\} \tag{2-61}$$

因为 $\hat{x}_t(l)$ 为 $x_t, x_{t-1}, \cdots, x_1$ 的线性函数，所以该原则也称为线性预测方差最小原则。

2. 灰色系统法

灰色系统法是一种对含有不确定因素的系统进行预测的方法。灰色系统是对既含有已知信息又含有不确定信息的系统进行预测，即对在一定范围内变化的、与时间有关的灰色

过程进行预测。灰色系统通过鉴别系统因素之间发展趋势的相异程度，即进行关联分析，并对原始数据进行生成处理来寻找系统变动的规律，生成有较强规律性的数据序列，然后建立相应的微分方程模型，从而预测事物未来发展趋势的状况。灰色系统法用等时距观测到的反映预测对象特征的一系列数量值构造灰色预测模型，预测未来某一时刻的特征量，或达到某一特征量的时间。

灰色系统的常见类型是灰色时间序列预测、畸变预测、系统预测和拓扑预测。所谓灰色时间序列预测即用观察到的反映预测对象特征的时间序列来构造灰色预测模型，预测未来某一时刻的特征量，或达到某一特征量的时间；畸变预测即通过灰色模型预测异常值出现的时刻，预测异常值什么时候出现在特定时区内；系统预测通过对系统行为特征指标建立一组相互关联的灰色预测模型，预测系统中众多变量间的相互协调关系的变化；拓扑预测将原始数据做曲线，在曲线上按定值寻找该定值发生的所有时点，并以该定值为框架构成时点数列，然后建立模型预测该定值所发生的时点。

灰色系统理论认为，尽管客观表象复杂，但总是有整体功能的，因此必然蕴含某种内在规律。关键在于如何选择适当的方式去挖掘和利用它。灰色系统是通过对原始数据的整理来寻求其变化规律的，这是一种就数据寻求数据的现实规律的途径，即为灰色序列的生成。一切灰色序列都能通过某种生成弱化其随机性，显现其规律性。

灰色模型 GM(1,1) 是常用的灰色时间序列预测模型，灰色系统理论是基于关联空间、光滑离散函数等概念定义灰导数与灰微分方程，进而用离散数据列建立微分方程形式的动态模型，即灰色模型是利用离散随机数经过生成变为随机性被显著削弱而且较有规律的生成数，从而建立起的微分方程形式的模型，这样便于对其变化过程进行研究和描述。GM(1,1) 灰色预测的步骤如下：

(1) 数据的检验与处理。为了保证 GM(1,1) 建模方法的可行性，需要对已知数据做必要的检验和处理。

设原始数据列为

$$x^{(0)}=[x^{(0)}(1),x^{(0)}(2),\cdots,x^{(0)}(n)]$$

计算数列的级比为

$$\lambda(k)=\frac{x^{(0)}(k-1)}{x^{(0)}(k)}\quad(k=2,3,\cdots,n)\tag{2-62}$$

如果所有的级比都落在可容覆盖区间内，则有

$$X=(e^{\frac{-2}{n+1}},e^{\frac{2}{n+1}})\tag{2-63}$$

则数据列 $x^{(0)}$ 可以建立 GM(1,1) 模型且可以进行灰色预测。否则，对数据做适当的变换处理，如平移变换。

(2) 建立 GM(1,1) 模型。不妨设 $x^{(0)}=[x^{(0)}(1),x^{(0)}(2),\cdots,x^{(0)}(n)]$满足上面的要求，以它为数据列建立 GM(1,1) 模型为

$$x^{(0)}(k)+az^{(1)}(k)=b\tag{2-64}$$

用回归分析求得 a、b 的估计值，于是相应的白化模型为

$$\frac{\mathrm{d}x^{(1)}(t)}{\mathrm{d}t}+ax^{(1)}(t)=b\tag{2-65}$$

求解为

$$x^{(1)}(t)=\left[x^{(0)}(1)-\frac{b}{a}\right]e^{-a(t-1)}+\frac{b}{a} \tag{2-66}$$

于是得到预测值为

$$\hat{x}^{(1)}(k+1)=\left[x^{(0)}(1)-\frac{b}{a}\right]e^{-ak}+\frac{b}{a} \quad (k=1,2,\cdots,n-1) \tag{2-67}$$

从而相应地得到预测值为

$$\hat{x}^{(0)}(k+1)=\hat{x}^{(1)}(k+1)-\hat{x}^{(1)}(k) \quad (k=1,2,\cdots,n-1) \tag{2-68}$$

(3) 检验预测值。

1) 残差检验。计算相对残差为

$$\varepsilon(k)=\frac{x^{(0)}(k)-\hat{x}^{(0)}(k)}{x^{(0)}(k)} \quad (k=1,2,\cdots,n) \tag{2-69}$$

如果所有的$|\varepsilon(k)|<0.1$，则认为达到较高的要求；否则，若所有$|\varepsilon(k)|<0.2$，则认为达到一般要求。

2) 级比偏差值检验。计算级比偏差值为

$$\rho(k)=1-\frac{1-0.5a}{1+0.5a}\lambda(k) \tag{2-70}$$

如果所有的$|\rho(k)|<0.1$，则认为达到较高的要求；否则，若所有的$|\rho(k)|<0.2$，则认为达到一般要求。

电力需求侧管理概述

3.1 电力需求侧管理的基本概念

任何一种理论和方法创新，都有一个在实践中不断完善和发展的过程，需求侧管理也不例外。与其他经济学理论相比，电力需求侧管理是在市场经济体制基础上培植起来的一种先进的能效管理新技术、用电管理新思维和节电运作新机制，虽然它发展历程还很短，还处于成长阶段，并正随市场经济的不断发展而日臻完善，但是随着电力行业重组和市场化改革，电力需求侧管理得到进一步发展，人们也逐步深化了对其的了解及认识。

电力需求侧管理是以凯恩斯主义需求治理理论为基础，以最小成本供需平衡为目标的一种宏观调控手段，属于宏观经济学范畴。它运用总量分析方法，研究的是经济的可持续发展、经济运行的正确方向和社会效益的最大化问题，同时也是产业经济学中一个重要的应用理论和研究点，它将电力产业作为一个有机整体，对电力产业本身的发展规律、合理布局和优化升级，对产业内上、下游行业的相互作用和关系进行深入探究。

DSM 是电力需求侧管理的国际通用的专业用语，尽管国际上对它的表述各式各样，还没有一个固定的定义，但其基本理念大体一致，概括来说，电力需求侧管理是在政府法规和政策的支持下，通过有效的激励和引导措施，配合适宜的运作方式，促使电网公司、能源服务公司、中介机构、节能产品供应商、电力用户等共同努力，在满足同样用电功能的同时，提高终端用电效率和改善用电方式，减少电量消耗和电力需求，实现能源服务成本最低、社会效益最佳、节约资源、保护环境、各方受益所进行的管理活动。

需求侧管理发展进程主要可以分为 3 个阶段。第一个阶段是 20 世纪 70 年代到 80 年代初期，为探索和构建需求侧管理机制阶段。主要的标志性成果是 1978 年美国联邦政府出台的两个法案，《公众电网公司管制法》和《全国节能法》(NECPA)，明确指出节电比发电更经济，电网公司有义务推动终端的节电活动，不仅仅满足于向用户销售电力，也要逐步调整职能，向用户提供能源审计等最低成本能源服务，为电网公司向拓展业务渠道、履行社会责任方面跨进了一大步。由于初期只是作为一个应急手段，是伴随“石油危机”和环境问题的出现而产生的，因此并不太讲求成本效益，也不太强调环境贡献，更没有上升到用经济激励等市场手段去推动节能活动，使它走上日常运作轨道这样的高度。第二个阶段是20世纪80年代初期到90年代中期，为大力发展的阶段。主要的标志性成果是美国的综合资源规划（又称最低成本规划）的兴起。综合资源规划从系统论出发，强调了供电和用电协调的重要性，综合考量供求双方的资源，以实现社会总成本最小和整体效益最优。1984年美国公用事业联合会组建了一个能效委员会，并依据能源部提出的要求，出版了综合资源规划原则和技术试行本，开始正式推行综合资源规划。作为综合资源规划的主要内容，随之得到了更多更广泛的应用，并为形成以电网公司作为需求侧管理实施主体的运作机制奠定了基础。在这一阶段，节能工作者不但做了大量的技术分析，意识到有可观的电能可以节省，还发现存在一系列市场障碍影响节能技术的推广和用户成本节约，比如缺乏通畅的节能技术信息渠道，鼓励措施成效分配不当等。针对这些壁垒，有关学者和能源管理机构开始研究一系列激励电网公司参与需求侧管理的工作机制，如成本补偿机制、奖励金机制等，收到了良好的反响，极大地促进了对资源投资和人力投入。第三阶段就是20世纪90年代中期到现在，电力需求侧管理更加强调以客户为中心，更多被定位为一种提高用户满意度的服务。此时电力工业发展环境也发生了相当大的变化，由于以引进竞争、放松管制为主题的市场化改革在全世界范围内逐步推行，需求侧管理的实施就具有更新的含义，针对改革的不确定性，需求侧管理还作为一种开拓电力企业盈利渠道，挖掘用户节电潜力市场的手段。

需求侧管理运作机制、目标等方面的内容如下：

（1）需求侧管理适合市场经济运作机制，鼓励项目各参与方在遵守法制和经济激励的原则下，通过资源竞争，用最优成本效益比提供最优质、高效的能源服务，最终建立一个以市场驱动为主的能效市场。

（2）需求侧管理是一种具有公益性的社会行为，立足于经济社会的长远可持续发展，需求侧管理项目实施具有量大面广和极度分散的特点，它的个案效益有限，而规模效益显著，只有采取多方参与的社会行动，才能发挥聚沙成塔、汇流成川的效果，使多方受益。因此节能节电需要发挥政府的主导作用，建设与之相匹配的能效管理体制，制订支持可操作的法规和政策，适度地干预能效市场，创造一个有利于实施的环境，才能起到需求侧资源替代供应侧资源的作用。

（3）需求侧管理的主要贡献者是电力用户，要宣传需求侧管理节能的重要性和其他传统节能管理的不同，克服用户参与的心理障碍，让其明白节电不等于限电，提高用电效率不等于抑制用电需求。要采取约束机制和激励机制相结合、以激励为主的节能政策，激发电力用户参与的主动性，引导他们自愿参与计划，切实把节能落实到终端，转化为节电资源。

总之，需求侧管理的实施强调的是调动用户参与负荷管理的积极性，做到和用户共同实施用电管理。项目的系统推进，有利于提高经济效益、环境效益等社会综合效益。具体来说，需求侧管理不仅可以减缓电源和电网建设压力，节约电力建设投资，节省能源资源，降低煤炭利用比重，起到了降低污染、保护环境的作用；而且拓展了电力企业的营利渠道，提高企业自身服务能力和自身发展水平；同时还能促进用电设备制造业的技术创新和产业升级，有利于用户减少电费开支，有利于转移用电负荷，优化电网运行方式，提高电网安全运行水平。总之，需求侧管理的实施有利于满足人民生活水平，不断提高对电力产品的新需求，有利于我国电力工业可持续性发展战略的实施和与国民经济协调发展。

3.2 电力需求侧管理的任务及对象

3.2.1 需求侧管理的任务

实施需求侧管理要考虑两个方面：一方面要努力降低电网的最大负荷，力图以较少的新增装机容量达到系统的电力供需平衡；另一方面要力图减少系统的发电燃料消耗和用电损耗，使电力用户更有效地利用能源。因此，需求侧管理的目标主要集中在用户电力和电量的节约上。电力是指用电能力，即用户所有用电器的功率，一般用“kW”表示；电量是指用电量，即用户所有用电器消耗的电能的数量，一般用“kW·h”表示。电力系统只有具备相适应的发供电能力和发供电量，才能持续不断地把燃料等一次能源转换为电能并向用户供应电能，满足接入电网的各类用户的用电需求。

需求侧管理的主要任务包括负荷管理和能效管理。

1. 负荷管理

负荷管理是根据电力系统的负荷特性，以某种方式将用户的电力需求在电网负荷高峰期削减，或将其转移到电网负荷低谷期，减少日或季节性的电网峰荷，促使电力需求在不同时序上合理分布，增加低谷期设备利用率，减少电力系统装机容量，提高电力系统运行的可靠性和经济性。

2. 能效管理

能效管理是指采取有效的激励措施，改变用户的消费行为，多使用先进的节能技术和高效设备，提高终端用电效率，其根本目的是节约电力、减少电量消耗。能效管理措施包括直接节电和间接节电，直接节电是采用科学的管理方法和先进的技术手段来节电，间接节电是依靠调整经济结构、提高产品生产效率、生产力合理布局、减少高能耗产品出口等来实现。

因此，无论是需求侧管理的负荷管理还是能效管理，都包括了节约电力和节约电量两个部分，传统的节电活动往往只局限在节约电量上，没有把节约电力放在节电的重要位置，其实节电行为一直存在节约电力和节约电量两种效果，需求侧管理就注重了对两种资源的挖掘，并在节电资源的评价中注意一种节电资源可能会产生的双重节电效应，所以，只要是成本有效的节电资源，无论是节约电力还是节约电量，都应该考虑作为需求侧管理的实施资源。

3.2.2 需求侧管理的对象

需求侧管理的负荷管理和能效管理是要具体明确落实到电力用户终端的，并且还要采取有针对性的实施和营销策略。理论上来说，所有与减少供应方资源的有关终端电力用电设备，以及与用电环境有关的设施都可以包括在内。但是包罗万象的需求侧管理方案会大大增加制订的难度，也会降低实施的可行性。通常，根据具体供电区域的具体应用需求可以制订具体的实施目标，根据实施目标制订几个有限的实施方案才能保证需求侧管理实施的可行性。

概括来说，可供实施选择的对象主要如下：

（1）电力用户终端主要用电设备，如照明、电动机、空调、热水器通风设备等。

（2）与用电相互替代的电能生产设备，如天然气、燃油、瓦斯、太阳能等发电设备。

（3）与电能利用有关的余热回收及传热设备，如热泵、余热锅炉、余热余压发电等。

（4）与用电蓄能有关的设备，如蓄冷蓄热空调、电动汽车蓄电瓶等。

（5）自备发电厂，如燃气轮机电厂、柴油机电厂等。

（6）与用电有关的环境设施，如建筑保温、自然采光、自然采暖及遮阳等。

（7）由于用电领域极为广阔、用电流程工艺也多种多样，所以在进行需求侧管理时应精心选择。

3.3 电力需求侧管理的实施措施

为了实施需求侧管理，需要采取多种手段措施，这些措施以先进的技术设备为基础，以经济效益为中心，以法制为保障，以政策为先导，采用市场经济运作方式，讲究贡献和效益。概括来讲，主要有：技术措施、经济措施、引导措施和行政措施4种。

3.3.1 技术措施

技术手段指的是针对具体的管理对象，以及生产工艺和生活习惯的用电特点，采用先进节电技术和设备来提高终端用电效率或改变用电方式。

3.3.1.1 改变用户的用电方式

电力系统的负荷时刻都在发生变化，而负荷变化的特性与众多因素有关，比如供电区域内的社会经济发展、用户的生产生活用电特性、气候条件等。这种变化反映在用户的负荷曲线上也是随时间而变化的，但是这种变化往往具有一定的规律性，例如在年负荷曲线中，负荷的高峰期往往出现在冬季或是夏季；日负荷曲线中，会有一个用电早高峰和晚高峰。用户用电方式的改变，就会使得负荷曲线发生改变，而用户用电方式的改变主要是通过负荷管理来实现的。

负荷管理是根据电力系统负荷变化特性，以削峰、填谷或是移峰填谷的方式将电力用户的用电需求从负荷高峰时段削减、转移，或是增加负荷低谷时段的用电，以改变电力需求在时序上的分布，减少季节性或是日间电力系统高峰负荷，从而起到调节优化系统负荷曲线的目的。

1. 削峰

削峰的目的是减少用户在电网高峰负荷期的电力需求，平衡电力系统系统负荷，避免拉闸断电等情况的发生。既增加了用户满意度，又避免了增设边际成本高于平均成本的装机容量，降低了电力企业的成本。但同时，削峰会导致峰期售电量减少，降低电力企业的部分收入。削峰示意图如图 3.1 所示。

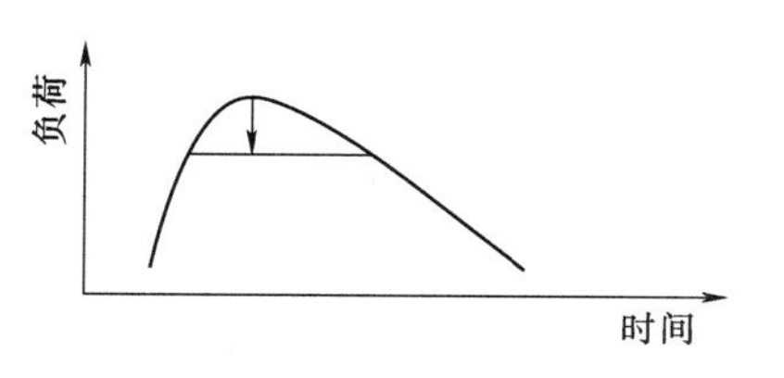

图 3.1 削峰示意图

削峰有直接负荷控制和可中断负荷控制 2 种控制措施。

（1）直接负荷控制。直接负控制是一种随机控制方法，由系统调度人员在电网峰荷时段启动自控装置随时控制用户终端的用电行为，最终通过电价补偿弥补对用户带来的损失。由于它对企业和居民的正常生产生活秩序和节奏造成冲击，大大降低了用户峰期用电可靠性，不容易被大多数用户所接受，停止供电有时会酿成重大事故和带来很大的经济损失，尤其是那些可靠性要求很高的用户。直接负荷控制多发生在电力供应严重短缺、失去电力平衡或峰荷电力大量外购的电网，多用于城乡居民的用电控制，对于其他用户以停电损失最小为原则进行排序控制。

（2）可中断负荷控制。可中断负荷控制是系统调度人员根据供需双方事先的合同约定，在电网峰荷时段向用户发出请求信号，经用户响应后控制或中断部分供电的一种方法，主要适合于可以放宽供电可靠性苛刻要求的“可塑性负荷”，如有能量储存能力的用户，可释放提前储存的电量或热能来避峰，有自备柴油或燃气发电机的用户，可以自行发电来躲避电网尖峰或用其他能源来替代电能，产品生产工序可调整或具备中间产品存储能力的用户，可通过改变作业顺序、减少或停止部分用电来实现避峰。可以看出，可中断负荷控制是一种有一定准备的停电控制，更容易被理解和接受，它的削峰能力和终端效益取决于用户降低用电可靠性的意愿和程度，以及用户为避峰所付出的费用能否用中断供电的经济补偿来弥补。

2. 填谷

填谷也称为战略性负荷增长，是指通过优惠性电价，刺激用户增加在电网低谷时段的电力消费。这种方法尤其适用于电网负荷峰、谷差大和低负荷调节能力差的电力系统或者是系统有空闲发电容量的电力系统。由于它增加了电力企业的销售电量，同时减少了单位电量的发电成本，更能够调动企业积极性。填谷示意图如图 3.2 所示。

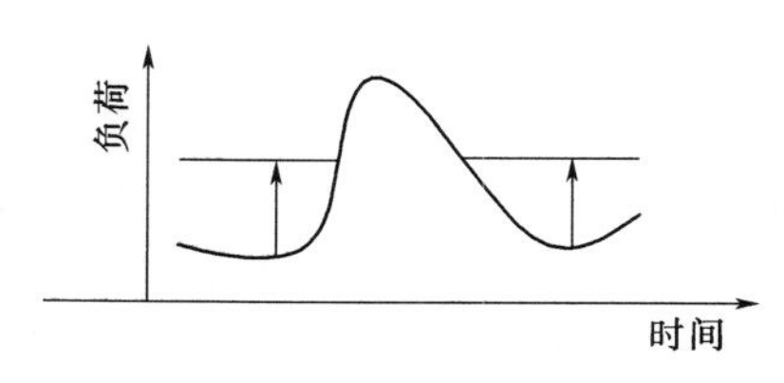

图 3.2 填谷示意图

填谷常用的措施有增加季节性负荷、增加低谷用电设备和增加蓄能用电措施。

（1）增加季节性负荷。在电力系统年负荷低谷时期，增加季节性用电，在丰水期鼓励用户多用水电，以水电替代其他能源。

（2）增加低谷用电设备。在夏季尖峰的电力系统可以适当增加冬季用电设备，在冬季尖峰的电力系统可以适当增加夏季用电设备；在日负荷低谷时段投入电气锅炉或蓄热装置采用电气保温，在冬季后半夜可以投入电暖气或电气采暖空调进行填谷。

（3）增加蓄能用电。在电力系统日负荷低谷时段投入电气储能装置进行填谷，如电动车蓄电瓶和各种可以随机安排的充电装置。

3. 移峰填谷

移峰填谷是将尖峰负荷时段内的部分负荷安排到低谷时段，同时起到削峰和填谷的双重作用。它既可充分利用闲置发电容量、减少新增装机容量，又可平稳系统负荷、降低发电能耗。在电力严重短缺，峰、谷差距大，负荷调节能力有限的电力系统，一直把移峰填谷作为改善电力企业经营管理的一项主要任务。移峰填谷对电力企业公司的影响是双向的，一方面增加了谷期用电量，提高了电力企业公司的销售收入；另一方面又减少了峰期用电量，降低电力企业的销售收入，因此电力系统的收入变化取决于增加的谷电收入和降低的运维费用对减少的峰电收入的补偿程度。移峰填谷示意图如图 3.3。

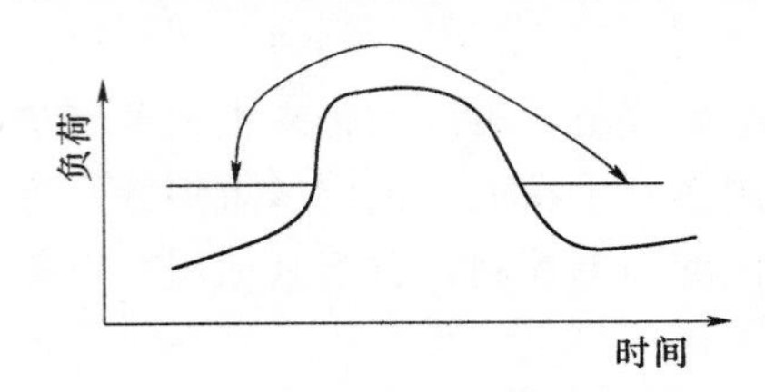

图 3.3　移峰填谷示意图

移峰填谷常用的措施有采用蓄冷蓄热技术、能源替代运行、调整作业顺序、调整轮休制度。

（1）蓄冷蓄热技术。移峰填谷技术措施常常采用蓄冷蓄热技术。除一些特殊的工业空调系统外，商业或一般工业建筑用空调均非全日使用，而且用电负荷逐日、逐时不均匀，中央空调采用蓄冷技术是移峰填谷最为有效的手段，它在后半夜电网负荷低谷时段制冰或冷水并把冰、水等蓄冷介质储存起来，在电网负荷高峰时段制冷机组停止或减少运行时间，把储存的冷量释放出来转化为冷气空调，达到移峰填谷目的。

蓄热技术是在电网负荷低谷时段，把电气锅炉或电加热器生产的热能存储在蒸汽或热水蓄热器中，在电网负荷高峰时段将其热能释放出来，以实现移峰填谷。蓄热技术对用热多、热负荷波动大，锅炉容量不足或增容有限的工业企业和服务业尤为合适。蓄冷蓄热中央空调比传统的中央空调制冷制热效率相对低些，再加上蓄冷蓄热损失，在提供相同冷热量的条件下要多消耗电量，但同时减少了高峰用电量，增加了低谷用电量，还可以调节用冷用热尖峰、平稳负荷，是有利于电力系统运行的方式。电力用户是否愿意采用蓄冷和蓄热技术，主要取决于它减少高峰电费的支出是否能补偿多消耗低谷电量支出的电费，并获得合适收益。

（2）能源替代运行。在出现日负荷尖峰的时候，甚至是季节性负荷尖峰的时候，可以采用以燃料加热替代电加热技术，最常采用的是利用天然气和太阳能与电能互相替代。

（3）调整作业顺序。调整作业顺序是常常采用的一种移峰填谷办法，它在工业企业中将一班制作业改为二班制作业，将二班制作业改为三班制作业。作业制度的改变，能起到很大的移峰填谷作用，但同时也会干扰职工正常的生活节奏和生活秩序，会增加企业的额外负担，特别是在销售电价不变的情况下，企业的负担不能得到任何补偿，是实行调整作业顺序的实施障碍，随着市场经济的发展，需要采用相适应的经济措施来保障它的有效实施。

（4）调整轮休制度。调整轮休制度也是常常采用的一种平抑电力系统日间高峰负荷的办法，在工业企业之间实行周轮休来实现错峰。由于它改变了人们早已规范化了的休息习惯，影响了人们的社会生活正常节奏，又没有增加企业的额外效益，一般不被电力用户接受。所以有必要对这种措施进行相应的经济补偿。

3.3.1.2 提高终端用电效率

提高终端用电效率是通过改变电力用户的电力消费行为、采用先进的节能技术和高效的设备来实现的，根本目的是节约电力、减少电量消耗。终端用电设备多种多样，用电形式也千差万别，相应地提高终端用电效率的技术措施也多种多样，概括来讲有以下几个方面。

1. 采用高效节能家用电器

（1）节能电冰箱。近年来市场上出现的变频式电冰箱采用变频压缩机，可以实现无级变速，根据冰箱的实际需要自动调节转速，当冰箱内食品多、温差大、环境温度高时，压缩机高速运转，在短时间内达到要求的温度；反之，压缩机将减速运转，同时，转速的平滑过渡避免了压缩机的启动，实现了节能。

（2）变频空调器。与变频电冰箱类似，变频空调也是变频压缩机，变频压缩机又分为交流变频压缩机和直流变频压缩机，无论交流变频压缩机还是直流变频压缩机都在空调启动时高速运转，使房间温度迅速达到设定温度，随后压缩机转速和风机转速逐步自动平稳下降，维持温度在设定温度范围内，避免了压缩机频繁启动，从而带来耗电量的大幅下降。

（3）热泵热水器。热泵是以消耗一部分能量（如机械能、电能、高温热能）为代价，通过热力循环，把热能由低温物体转移到高温物体的能量利用装置。它的原理与制冷机完全相同，是利用低沸点工质（如氟利昂）液体通过节流阀减压后，在蒸发器中得到蒸发，从低温物体吸取热量，然后将工质蒸汽压缩而使温度和压力有所提高，最后经冷凝器放出热能而变成液体，如此不断循环，把热能由低温物体转移到高温物体。热泵的性能可用制热系数（COP）来表示，它的含义是热用户得到的热量与所消耗的外功之比。

热泵热水器利用吸热介质从空气或自然环境中采集热能，并通过热交换器使冷水迅速提温，同时排出冷气。只要外界温度在1～15℃以上就能工作，所以与传统的电热水器和燃气热水器相比，更加高效和节能。

2. 采用高效照明系统

选择高效节能照明器具替代传统低效的照明器具，使用先进的控制技术以提高照明用电效率和照明质量。

照明灯具的技术发展是利用能量转换实现节能的典型案例。白炽灯和卤钨灯的发光效率为12～24lm/W，荧光灯和HID灯的发光效率为50～120lm/W，高效率的白色LED灯的发光效率为100～150lm/W。而日本NPT公司与美国西弗吉尼亚大学希望通过合作，将白色LED灯的发光效率提升到250lm/W。

荧光灯取代白炽灯，使得照明效率提高了约3倍；而LED灯取代荧光灯，使得照明效率再次提高2～3倍。OLED照明灯具（又称为有机EL照明）的出现，有望在LED灯具的基础上进一步减少1/3的照明用电量。荧光灯取代白炽灯以及LED灯取代荧光灯，是通过提高能量转换效率实现的，OLED照明灯具以面发光方式取代此前的点发光方式来实现节能。OLED与LED同属固态照明技术，发光效率均远高于目前广泛使用的荧光灯，而且具备不含水银、无紫外光、高演色性以及光线强弱可调整等优点，符合新一代照明应用需求。

2011年，英国碳基金公司向英国LOMOX公司注资45.4万英镑，旨在推动发光壁纸于2012年实现产业化。英国LOMOX公司开发的OLED材料，可以涂布在薄膜上制成可发光壁纸，进而取代传统灯泡。除了具备可挠性，虽然壁纸需要通电才能发光，但是用户不必担心触电问题。据了解，发光壁纸的工作电压只有3～5V，可以用电池或太阳能供电。该壁纸的亮度可通过控制器调节，发光效率比目前市场上的节能灯高2～3倍。同时，发光壁纸的光线比较均匀，不会像传统灯泡那样刺眼或产生阴影。

3. 采用先进调速技术

选用合适的电动机，应用调速技术来降低电动机空载率，实现节电运行。

提高电机效率的主要措施有两项：一是通过电机结构参数的优化、材料性能的提高以及电机特性曲线的优化，实现电机固有能源转换效率的提高；二是通过优化电机的运行状态，包括转速和扭矩参数，实现电机高效运行。后者目前主要利用电力电子技术手段实现，在调速领域采用直流调速电机是近年来的主要技术措施。目前，在日本市场的电器产品中，85%左右的电机采用直流调速方案。其中，空调、热泵用压缩机电机几乎全部为直流调速电机。虽然调速电机的驱动电源装置在启动时消耗较大电能，但是在家电整机的使用过程中，调速运行所节约的电能远远超过驱动电源装置所消耗的电能。在技术发展以及国家鼓励节能家电发展政策的推动下，自2010年起，我国空调直流调速应用呈现迅猛发展态势。

4. 采用高效电加热技术

对传统的电阻炉、电弧炉采用高效节能技术，采用新型的感应加热、远红外电加热和微波加热等技术。

(1) 电阻炉节电技术。在电阻炉构造上采用耐火纤维、轻质砖等轻质、高效隔热材料作炉衬，减少炉壁的散热和蓄热损失；改善电热元件的性能，增强热辐射能力；提高炉门、炉盖和热电偶插孔等处的密封程度，避免金属热“短路”，减小进出炉输送装置的体积和重量，以免带出过多的热量。在使用上采用大容量炉子，尽可能实现炉子连续运行，减少散热损失；改善炉内功率和温度分布，强化传热过程，加快进出料速度，减少炉门开放间。电阻炉的供电电流很大，供电线路应尽可能短，以减小线耗。

(2) 电弧炉节电技术。电弧炉在使用中采用超高功率供电，可以加速炉料熔化，减少冶炼时间，提高电弧炉的热效率；采用强化用氧技术，可以加快钢的脱碳速度，并充分利用氧与原料中的碳、锰、硅等氧化释放的热量；采用泡沫渣技术熔炼过程中，向熔池内喷碳粉或碳化硅粉，加速炭的氧化反应，在渣层内形成大量的CO气体泡沫，使渣层厚度增加，电弧完全被屏蔽，减少了电弧的热辐射损失，可以缩短冶炼时间；采用偏心底出钢技术，可进行留钢、留渣操作，做到无渣出钢，可以有效地利用余热预热废钢，缩短冶炼时间，降低电耗；冶炼产生的废气温度较高，利用废气热量加热入炉炉料，使其温度升高，缩短加热时间，节电效果明显；使用氧燃烧嘴强化废钢的熔化过程，对缩短冶炼周期、降低电耗有显著的效果；采用直流电弧炉可使冶炼熔化期大大缩短，电耗明显减少。

(3) 感应加热节电技术。感应加热原理是将工件放到感应器（感应器一般是输入中频或高频交流电的空心铜管）内，产生交变磁场在工件中产生出同频率的感应电流，这种感应电流在工件的分布是不均匀的，在表面强，而在内部很弱，到心部接近于0，利用这个集肤效应，可使工件表面迅速加热，而心部温度升高很小。感应加热的节电效率高达40%～80%。

（4）远红外电加热节电技术。远红外电加热的原理是利用原子之间共振产生热量进行加热。任何物质都是由原子组成的，而这些原子是靠化学键连接成分子，键力使得原子之间的联系像一个弹簧，原子之间的弹性力表现在原子与原子之间是不断振动的，振动得快，振动频率就高，就会与近红外辐射发生共振作用；振动得慢，振动频率就低，就会与远红外辐射发生共振作用。与红外辐射频率相当的是分子的振动与转动，当被加热的物质遇到远红外加热时，会加速极性质点的相对运动，大大加大原振动的频率，分子运动动能的增加就表现为热能的增加，达到物质被加热的目的。

（5）微波加热节电技术。通常情况下，一些介质材料由极性分子和非极性分子组成。在微波电磁场作用下，极性分子由原来的热运动状态转向依照电磁场方向交变排列取向，产生类似摩擦热，使交变电磁场能量转化为介质内热能，宏观上使介质温度升高。但是金属等微波电磁场不能透入内部的材料，不能吸收微波。水是微波吸收最好的介质，有些介质虽然是非极性分子组成的，但是也能在不同程度上吸收微波。

5. 采用合理的变配电系统

选用高效变压器，减少变电次数，采用变压器群控技术、无功就地补偿技术和配电线路合理布局，减少配电损失等。

（1）变压器节电技术。电力变压器是电力系统中实现电能转换与分配的电气设备。一般说来，从发电、供电直到用电，需要经过3～5次的变压过程，产生有功功率损失和无功功率消耗。由于变压器台数多，总容量大，所以在广义电力系统（包括发电、供电、用电）运行中，变压器总的电能损失占发电量的10%左右。这对全国来说，意味着全年变压器总的电能损失为1100亿kW·h以上，相当于3个中等用电量省的用电量之和。因此，变压器总的电能损耗十分可观。如何降低变压器的损耗是节能的重要课题。

变压器经济运行是在满足供电对象用电需求和安全的条件下，采取技术或管理措施使变压器处在电能损耗最低状态下运行。变压器经济运行是在确保变压器安全运行及满足供电量和保证供电质量的基础上，充分利用现有设备，通过择优选取变压器最佳运行方式、负载调整的优化、变压器运行位置最佳组合以及改善变压器运行条件等技术措施，从而最大限度地降低变压器的电能损失，提高其电源侧的功率因数，所以变压器经济运行的实质就是变压器节电运行。变压器经济运行节电技术是把变压器经济运行的优化理论及定量化的计算方法与变压器各种实际运行工况密切结合的一项应用技术，该项节电技术不用投资，在某些情况下还能节约投资（节约电容器投资和减少变压器投资）。所以，变压器经济运行节电技术属于知识经济范畴，是向智力挖潜、向管理挖潜、实施内涵节电的一种科学方法。

采用新材料、新结构、新工艺制造的节能变压器，其损耗比一般低效变压器小，因此又称为低损耗变压器。我国普遍应用的S9系列、S11系列就属于低损耗变压器。在加速我国的老旧变压器更新换代过程中，对新型变压器选型要做到优中选优，不要单纯立足于变压器资金投入少，更要充分考虑到运行中的节电效果，因此不应选择投资少、能耗高的S7型变压器，应选择投资大、节电效果好的S9型、S11型和非晶合金变压器，由于节电效果好，多花的投资能很快收回。其节电潜力按1%～2%计算，每年可节电100亿～200亿kW·h，创造经济效益近百亿元，同时使我国电网线损下降。生产低损耗变压器是世界各国变压器发展的一种趋势。

（2）无功补偿节电技术。电力系统中的电力负荷如电动机、变压器、日光灯及电弧炉等都属于电感性负荷，这些感性负荷在运行过程中不仅需要向电力系统吸收有功功率，同时还要吸收无功功率。因此，在电网中安装无功补偿设备后，可以提供补偿感性负荷所消耗的无功功率，减少电网电源侧向感性负荷提供的无功功率。由于减少了无功功率在电网中的流动，就能降低输配电网中线路和变压器的电能损耗。

（3）配电线路合理布局。配电网的接线方式和运行方式是否合理，不仅会影响电网的安全供电，同时还影响到电网运行的经济性。而配电线路的布局直接会影响配电网接线方式和运行方式的合理性，在进行配电线路布局时，应要合理划分供电区域，按照经济合理的方式，尽量以最近的电气距离供电，避免交叉供电，跨供电区域供电，杜绝近电远送或是迂回供电现象。

6. 采用余能余热利用系统

采用回收余热发电、动力供热联合使用、发电供热联合使用、暖通空调等。

余能是在一定经济技术条件下，在能源利用设备中没有被利用的能源，也就是多余、废弃的能源。它包括高温废气余热、冷却介质余热、废气废水余热、高温产品和炉渣余热、化学反应余热、可燃废气废液和废料余热以及高压流体余压7种，其中最主要的是余热。根据调查，各行业的余热总资源约占其燃料消耗总量的17%～67%，可回收利用的余热资源约为余热总资源的60%。余热的利用途径很多，一般来说，综合利用余热最好，其次是直接利用，第三是间接利用（产生蒸汽、热水和热空气）。

7. 作业顺序合理调度

实行专业化集中生产，提高炉窑的装载率，降低单位产品电耗；实行连续化作业，减少开炉和停炉损失，提高设备的用电效率；风机、泵类、压缩机实行经济运行等。

8. 建筑物方面

采用绝热性能高的保温墙体、保温玻璃、保温玻璃、保温门窗、涂白材料，充分利用自然光和热等。

建筑节能是指建筑物在建造和使用过程中，合理使用和有效利用能源，提高建筑使用过程中的能源效率，主要包括采暖、照明、通信、家用电器和热水供应等的能源效率，在满足同等需要或是达到相同目的的条件下，尽可能降低能耗。

在诸多建筑节能技术措施中，利用建筑结构实现节能通常是最经济的方式。在建筑行业，被动节能是指以非机械电气设备干预手段实现建筑能耗降低的节能技术，具体则指在建筑规划设计中，利用建筑朝向、遮阳的合理设置、建筑围护结构的保温隔热技术、有利于自然通风的建筑开口设计等，实现建筑采暖、空调、通风等能耗的降低，这种方式要求加强门窗、外墙、屋顶和地面的保温隔热。与被动式技术对应的是主动式技术，即通过机械设备干预手段为建筑提供采暖、空调、通风等舒适环境控制的建筑设备工程技术，以优化的设备系统设计、高效的设备选用实现节能，这种方式要求系统设备合理配套，运行控制调节灵活，并设有能量计量装置。同时，建筑节能技术还强调在建筑物建造的过程中采用节能技术和节能产品，以降低能耗消耗。

9. 能源替代方面

太阳能、天然气与电能相互替代，能够更经济合理地利用能源。

能源替代是指利用太阳能、天然气等分布式能源系统因地制宜地按需就近安装，尽可能地与用户用电配合，实现局部功率平衡和能量优化，为终端用户提供灵活、节能型综合能源服务。

3.3.2 经济措施

需求侧管理的经济措施是指根据负荷特性，发挥价格杠杆作用，调节电力供求关系，刺激和鼓励电力用户改变消费行为和用电方式，减少电量消耗和电力需求。主要措施包括调整电价结构、直接经济激励和需求侧竞价。经济措施的特点是重视需求方的选择权，电力用户可以根据激励性的经济措施主动响应，依据自身用电情况灵活选择用电方式、用电设备和用电时间，在为社会做出增益贡献的同时也降低了自己的生产和生活成本，获得效益。

1. 调整电价结构

电价是一种很有效、便于操作的经济激励手段，但它的制订程序比较复杂、影响面大、调整难度大、敏感性强，需要审慎操作，调整时也要严格遵循定价时的 4 条基本原则，即成本为主、合理利润、公平负担、促进用户合理用电。调整电价结构不等于提高电价水平，而是通过价格体现电能的市场质量差别，电价形成机制多元化既能激发电力企业实施需求侧管理的积极性，又能激励用户主动参与需求侧管理活动，同时通过电价调整程序也可以回收需求侧管理相关的各项投资和费用。国内外实施通行的电价结构有容量电价、分时电价、季节性电价、可中断负荷电价等。

(1) 容量电价。容量电价又称基本电价，它属于电力电价而不是电量电价，容量电价是指根据电力用户变压器容量大小或是最大负荷电力需求来收取电费。它可以促进用户节约用电和移峰填谷。

(2) 分时电价。分时电价是指电力企业按照电力用户的用电时点收取电费，电力企业根据负荷特性确定出年内或是日内高峰负荷和低谷负荷时段，在高峰负荷时段和低谷负荷时段实行不同的电价，使用户根据电价的差异选择他们认为合适的用电时间和用电强度，从而起到移峰填谷的经济激励作用。

(3) 季节性电价。季节性电价一般指在用电高峰季节实施与非用电高峰季节不同的电价，高峰季节电价高，非高峰季节电价低，从而引导用户在高价季节节电，在低价季节用电。季节电价的另一种形式是为了改善电力系统季节性电源出力不均衡而实施的，特别是在水力资源丰富的地区，在丰水期实行低电价，在枯水期实行高电价，吸引耗电量大的用户有效利用水力资源，降低供电平均成本。

(4) 可中断负荷电价。可中断负荷电价是指在电力系统高峰用电时段中断或是削减较大电力用户负荷的电价，电力企业按照合同对电力用户在该时段内按照较低电费收取，但是在系统峰值期或紧急状态下，会按照合同要求中断或削减用户负荷，从而解决电力系统阶段性、季节性缺电。可中断电价是进行技术削峰的主要经济刺激措施。

2. 直接经济激励

电价激励措施主要由供电方制订，具有控制性，与电价激励不同，直接经济激励措施属于鼓励性措施，更加具有灵活性。激励措施是多种的，常用的有折让鼓励、节电奖励、借贷优惠鼓励和免费安装或节电设备租赁鼓励等措施。

(1) 折让鼓励。折让鼓励是指为了克服高效节电产品价格偏高、销量小、生产积极性低的市场障碍，给予购置削峰效果明显的优质节电产品的电力用户、推销商或生产商适当比例的折让，吸引更多的参与者参与需求侧管理活动，形成节电的规模效应。折让鼓励是市场竞争环境下最直接、最易于操作的市场工具。

(2) 节电奖励。节电奖励是在对多个节电竞选方案进行可行性和实施效果的审计和评估后，对优秀节电方案给予"用户节电奖励"，借以树立节电榜样以激发更多用户提高用电效率的热情。

(3) 借贷优惠鼓励。借贷优惠鼓励是向购置高效节电设备，尤其是初始投资较高的那些电力用户提供低息或零息贷款，以减少它们参加需求侧管理项目在资金短缺方面存在的障碍。

(4) 免费安装或节电设备租赁鼓励。免费安装鼓励是对收入较低或对需求侧管理反应不太强烈的用户，全部或部分免费安装节电设备。节电设备租赁是为了鼓励用户节电，把节电设备租借给用户，以节电效益逐步偿还租金的办法。

3. 需求侧竞价

需求侧竞价是在电力市场环境下出现的一种竞争性更强的经济激励措施。终端电力用户采取节电措施消减负荷相当于向系统提供了电力资源，从而被形象地称为"负瓦数"。用户获得的可减电力和电量可以在电力交易所采用招标、拍卖、期货等市场交易手段卖出，获得一定的经济回报，并保证了电力系统运行的稳定性和电力市场运营的高效性。这种竞价制度只有在电力市场比较完善、相关管理机制健全的前提下适用。

3.3.3 引导措施

相同的经济激励和同样的收益，用户可能出现不同的反应，关键在于引导。引导措施是通过节能知识宣传、信息发布、技术推广示范、政府示范等手段，引导用户知道如何用最少的资金获得最大的节能效果，提高对节电的接受和响应能力，并在使用电能的全过程中自觉挖掘节能的潜力。主要的引导方式有两种：一种是把宣传信息通过各种媒介传递给用户，提高全民节能意识；另一种是与用户直接接触并提供各种能源服务，进行直接的消费引导。

节能节电要落实到终端，要通过需求侧的用户来实现，只有通过社会动员使电力用户接受需求侧管理计划之后，才能起到需求侧资源替代供应侧资源的作用。用户普遍缺乏必要的节能节电知识，对市场上销售的先进节能技术和新型节能设备了解甚少，往往难以获得他们需要的有关节电信息，不太知道如何选择能源，如何有效地利用资源。

同时，节能节电具有不确定性，产品价格与效率也没有严格的关系，节能节电不是企业营利的主要目标，也不是居民收入的主要来源，再加上对节电产品一些夸大其词的宣传，用户对节能投资的效果在相当程度上持有怀疑态度，难以下决心花费一笔资金去购买价格比较昂贵的高效节能产品。在节电预期效益不太明显的情况下，甚至宁愿继续使用旧式低效设备而多支付些电费，也不愿意冒质量和价格的双重风险去更新换代。然而，当用户准备投资于节电活动时，又往往因得不到必要的指导和切实的帮助而难以实现。

一般来讲，用户的购物心理状态千差万别，但有一点是可以肯定的，那就是效率不是购物的主要标准，它并不决定消费者的选购行为。众多的用户根本没有建立起效率观念，购置用电设备很少出于效率和节电的考虑，更谈不上环境保护，主要是根据安全、舒适、美观、实用以及购买力等来决定是否购置和购置何种档次的用电产品。客观上存在的某些心理状态是打开能效市场的一个主要障碍，不是靠简单的号召性宣传所能克服的。因此，要采取强有力的引导手段，消除用户在认识上、技术上、经济上等存在的心理障碍，才能提高他们对电力需求侧管理计划的响应能力。经验证明，引导手段的实效长、成本低、活力强，关键是选准引导方向和建立引导信誉。

主要的引导措施有知识普及、信息传播、研讨交流、审计咨询、宣传鼓动、技术推广、政策交代等。主要方式有两种：一种是利用各种媒介把信息传递到用户，如电视、广播、报刊、展览、广告、画册、读物、信箱等；另一种是与用户直接接触，提供各种能源服务，如讲座、座谈、培训、研讨、咨询、诊断、审计等。

3.3.4 行政措施

行政措施是指政府及有关职能部门，通过出台行政法规、制订经济政策、扶持节能新技术、推行强制能源效率标准等措施规范电力消费和市场行为，推动全社会开展节能增效，为实现资源节约、保护环境目标所进行的管理活动。行政措施不是单纯的拉闸限电，政府大多数时候也不直接参与具有商业利益的运营活动，而是发挥策划、监督、调控能力和权威性、指导性、强制性优势，增强电力需求侧管理市场导入能力，保障市场健康运转。

上述各种措施是相互联系、彼此制约的。行政措施要以经济措施分析为依据，经济措施的实施要有法规、政策作为有力支持，所以在大多数情况下，需要多种措施联合运用，才能达到促进电力需求侧管理实施的目的。

3.4 电力需求侧管理的规划及实施

需求侧管理是一个系统工程，涉及面广，需要进行系统的规划和周密的实施。规划与实施的内容主要包括以下几个方面。

1. 确定目标

要明确一个清楚的、可度量的需求侧管理实施目标层次：第一层次是确立电力生产和供应单位的目标，包括减少建设成本、改善现金流等短期经济目标，以及改善与用户关系等长期目标，这一层次目标的确定受到政府政策法规的限制，例如电价政策、为用户提供高可靠性和高质量服务的要求；第二层次是确立电力用户的目标，包括降低电费支出、用电可靠性提高等；第三层次是确立全社会效益目标，包括节约资源、减少环境污染等；第四层次是确定具体操作目标，通常是在这层目标上对需求侧管理进行检验和评估，哪些措施能够实现前三个层次的目标及具体操作路径；第五层次的目标是确定希望得到的修正后的负荷曲线形状。

2. 确定备选措施

确定措施主要包括确定用电终端、确定技术措施、确定经济措施。用户现有的用电模式和耗电量以及可以被改善的程度是选择用电终端时需要考虑的重要因素，先要找到那些能够满足已定负荷形状目标的终端，再根据不同的终端选择与其相适应的技术措施。同样对于不同的技术措施需应用不同的经济措施，包括电价刺激、直接经济刺激等各种鼓励电力用户参加需求侧管理的经济措施。有些情况下，需要对用户采用经济刺激来激励用户参加，但是有些情况下，则只通过引导措施的宣传和行政措施的规范就可以实现。

3. 措施的评估和选择

这一过程主要是解决以下一些问题：第一个问题是市场分析，主要对有多少用户会参加及参加需求侧管理的先决条件进行估计，概括来说就是分析市场潜力和可能的市场占有率，需求侧管理是以市场需求为导向的，需要电力企业按照市场经济规律，运用电力营销策略配合，争取需求侧管理效益最大化；第二个问题是用户接受了需求侧管理措施后，其用电行为、用电模式会怎么变化，以及与设备运行的技术特性能否吻合；第三个问题是必须估计系统负荷随时间而产生的变化程度，包括估计出多种需求侧管理措施的相互影响。

4. 措施具体实施

在实施已确定的需求侧管理措施的过程中，由于涉及大量参加和不参加的用户利益，因此要做好日常、具体的协调工作，尽量寻求各方利益最大化的平衡点。此外，用户对需求侧管理的接受程度和反应也千差万别，具有很大不确定性，所以要通过试点实施，逐步积累经验，不可千篇一律。

5. 监督实施

监督的目的是发现实施结果和期望结果的偏差，以便有针对性地改进需求侧管理的规划和措施。需求侧管理具有时间动态特性，对评估的数据和信息要根据实际情况变化不断更新。随着实施过程的不断深入，各阶段目标已完成，又将出现新的目标，此时也需要再增加新的措施，对原有措施也要进行重新评估和修订。

以上需求侧管理的规划与实施的内容既可以用于个别需求侧管理的方案分析，也可以作为成套需求侧管理的规划。

3.5 电力需求侧管理的成本效益分析

成本效益分析是以货币作为统一度量尺度，对工程项目技术方案的投资效果进行计算，通过对比分析来评价其可取程度的一种方法，其目的是为经营管理者在投资方向和优先关系方面提供决策依据，使有限的资金得到有效的利用，以期达到合理配置资源的目的，取得最佳的经济技术效果。同时，进行成本效益分析时，有需要考虑资金的时间价值和不考虑资金的时间价值两种方式，无论哪种方式，只有在技术效益和经济效益之间进行最佳配合的方案才是最优的技术方案。

3.5.1 供电方的成本效益分析

对电力企业来说，节电减少了高于平均成本的新增电量支出，同时又因少售电减少了售电收入，只有减少的支出高于减少的收入方能获得效益，当收益大于它投入的节电成本时，电力企业才愿意参与实施需求侧管理计划。当电力企业出资实施需求侧管理方案时，它的成本效益表达式分别为

成本＝项目支持费用＋项目管理费用 ＋减少的售电损失费用

效益＝可避免电量成本费用＋可避免电量运营成本费用

项目支持费用是指电力企业为了鼓励电力用户参与需求侧管理计划而支出的激励费用，它不属于节电项目的参股投资。项目管理费用是电力企业实施需求侧管理计划进行日常管理的支出费用。售电损失费用则是指因终端节电而减少的售电收入。

可避免电量成本费用是由于终端节电而避免的新增电量的建设成本，如果除电网供电外还有外购电形式，则外购电的支出亦属于可避免电量成本费用的一种形式。电量减少的同时也会带来电力企业运维费用的减少，这个也属于实施需求侧管理带来的效益。

如果考虑资金的时间价值，需求侧管理项目中电力企业的成本效益分析数学模型为

$$C_d = \sum_{i=1}^{n} \frac{Z_{di} + G_{di} + F_{dsi}}{(1 + r_d)^i} \tag{3-1}$$

$$B_d = \sum_{i=1}^{n} \frac{F_{dbi} + F_{dti}}{(1 + r_d)^i} \tag{3-2}$$

式中 C_d——电力企业的总成本；

B_d——电力企业的总收益；

Z_{di}——第 i 年项目支持费用；

G_{di}——第 i 年项目管理费用；

F_{dsi}——第 i 年减少的售电收入；

F_{dbi}——第 i 年可避免电量成本费用；

F_{dti}——第 i 年可避免电量运营费用；

r_d——电力企业的折现率；

n——项目的实施年限。

通常

$$Z_{di} = a_i K_{fji} \tag{3-3}$$

$$G_{di} = b_i Z_{di} = a_i b_i K_{fji} \tag{3-4}$$

式中 K_{fji}——第 i 年节电项目直接费用；

a_i——项目的贴补率，即第 i 年支持费用占直接费用的比例，一般 $a_i=0\sim1$；

b_i——项目的管理费用占比，即第 i 年的管理费用占项目支持费用的比例，一般 $b_i=0.1\sim0.2$。

第 i 年减少的售电收入为

$$F_{di} = (W_{fo} - W_{fi}) d_{di} \tag{3-5}$$

式中 W_{fo}——原始年终端用电量；

W_{fi}——第 i 年终端用电量；

d_{di}——第 i 年的售电电价。

当每年可避免电量相同，且售电电价一定时，各年减少的售电收入不变，为

$$F_{dsi}=\Delta W_f d_d \tag{3-6}$$

式中　ΔW_f——年可避免电量；

d_d——售电电价。

则电力企业的总成本为

$$C_d=\sum_{i=1}^{n}\frac{a_i(1+b_i)K_{fdi}+\Delta W_f d_d}{(1+r_d)^i} \tag{3-7}$$

第 i 年的可避免电量成本费用为

$$F_{dbi}=(W_{fo}-W_{fi})b_{di} \tag{3-8}$$

式中　b_{di}——第 i 年可避免电量成本。

当每年可避免电量相同，且可避免电量成本一定时，各年的可避免电量成本费用不变，为

$$F_{dbi}=\Delta W_f b_d \tag{3-9}$$

式中　ΔW_f——年可避免电量；

b_d——年可避免电量成本。

通常

$$F_{dti}=a_i F_{dbi} \tag{3-10}$$

式中　a_i——可避免电量运营费用比例，即第 i 年可避免电量运营费用占可避免电量成本费用的比例。

则电力公司的总收益为

$$B_d=\sum_{i=1}^{n}\frac{(1+a_i)\,b_d\Delta W_f}{(1+r_d)^i} \tag{3-11}$$

从式（3-11）可以看出，只要可避免电量成本高于供电电价，实施需求侧管理对电力企业总是有效益的。电力系统在没有过剩容量的情况下，用电的增长要靠增加装机来容量解决，可避免电量成本一般高于供电电价，也就是可避免电量成本费用大于减少售电带来的损失。如果节电措施费用完全由用户来承担，电力企业不产生经济刺激支出时，可以肯定电力企业的成本是有效益的。因此，电力企业具备实施需求侧管理计划的经济支持能力。

在有较多过剩容量的电力系统，用电的增长可能部分或全部利用闲置容量来解决。这时可避免电量成本的主要是发电燃料成本，可避免电量成本通常低于供电电价，无法抵偿减少的售电收入。相反，如果增加供电的成本低于供电电价，多售电总会增加电力企业的利润。因此，要想使电力企业采用经济激励措施对节能计划进行投资，电力企业应得的收益只能靠分享用户节电收益、获得优惠贷款、调节税率、调整电价制度等办法来补偿。节电所带来的环境因素等外部效益是需求侧管理计划取得政策性财政支持的主要原因。

3.5.2　用电方的成本效益分析

参与需求侧管理计划的电力用户采用科学管理和先进的技术设备节约电量和减少电力

需求，期望在寿期内以较少的节电支出获得较多的电费节省，并期望能在较短的时间内回收节电投资。只有当节约的电费和获得的支持费用大于节电成本时，电力用户才会考虑是否接受或参与需求侧管理计划活动。其成本效益表达式分别为

成本＝项目支出费用＝项目直接费用－项目避免费用＋新增设备运维费用

效益＝项目节约电费＋项目支持费用

项目支出费用是指用户在采用节电措施后增加的支出费用，其中项目直接费用主要包括增加的设备购置和安装费，项目避免费用主要是被替代设备的购置安装费，同时新增设备的运行维护也还需要费用，这些共同构成了电力用户在实施需求侧管理时的成本。

实施需求侧管理电力用户除了获得的节约电量的电费外还有获得的项目支持费用，项目支持费用在对供电方来说是成本，对用电方来说就是效益了。

如果考虑资金的时间价值，需求侧管理项目中电力用户的成本效益分析数学模型为

$$C_f = \sum_{i=1}^{m} \frac{K_{fi} + K_{fui}}{(1+r_f)^i} \tag{3-12}$$

$$B_f = \sum_{i=1}^{m} \frac{F_{dsi} + Z_{fi}}{(1+r_f)^i} \tag{3-13}$$

式中　C_f——参与用户的总成本；

B_f——参与用户的总收益；

K_{fi}——第 i 年节电项目支出费用；

K_{fui}——第 i 年项目新增设备运维费用；

F_{dsi}——第 i 年节电项目节约电费，即为电力企业减少的售电收入；

Z_{fi}——第 i 年节电项目获得的支持费用；

r_f——参与用户的折现率；

m——节电项目的寿命计算年限。

项目的支出费用，可表达为

$$K_{fi} = K_{fji} - K_{fbi} \tag{3-14}$$

式中　K_{fji}——第 i 年项目的直接费用；

K_{fbi}——第 i 年项目的避免费用。

第 i 年的节电项目少支付的电费是

$$F_{dsi} = (W_{fo} - W_{fi})d_{di} \tag{3-15}$$

式中　W_{fo}——原始年终端用电量；

W_{fi}——第 i 年终端用电量；

d_{di}——第 i 年的售电电价。

当每年节约电量相同，且售电电价一定时，用户每年少支付等量的电费为

$$F_{dsi} = \Delta W_f d_d \tag{3-16}$$

通常

$$Z_{fi} = c_i K_{fji} \tag{3-17}$$

式中　c_i——项目补贴率，即为第 i 年获得的支持费用占项目直接费用的比例，$c_i=0\sim1$。

则参与用户的总收益可表达为

$$B_f = \sum_{i=1}^{m} \frac{d_d \Delta W_f + c_i K_{fji}}{(1 + r_f)^i} \tag{3-18}$$

在做需求侧管理计划时要考虑避免成本较大的节电项目，尤其是那些投资大和寿期长的项目，常常因为节电升级换代使大笔投资沦为“沉没成本”。传统的节电运作机制或电力需求侧管理项目没有设计激励措施，用户得不到激励资金，项目的支持费用为零，用户的收益仅仅取决于节电减少的电费支出。要更多地节约电费，一方面就要在大力提高用电效率的基础上多节约电量；另一方面要利用好峰、谷分时电价制度，做好工序安排，少用峰电，多用谷电。要选择好用电场所，优先把高效设备放在电价水平高和利用率高的地方，以缩短节电投资的回收期限。

应当特别引起注意的是，电力用户建立电价意识的同时更要建立电费意识，电价不是用户左右的，参与需求侧管理计划的电力用户的真正利益在于减少电费开支，而不是电价，所以要在合理有效用电上多下工夫。应当理解，减少电费开支是用户参与节电的唯一内在动力。

3.5.3 社会综合成本效益分析

从大的方面讲，需求侧管理的社会成本效益应该是政府推动需求侧管理执行后的结果。从而减少能耗产品到产品能效提高，都是为了减少不必要的电力和燃料消耗，这部分能源节约将有力地推动国家节能减排工作的深化，缓解能源供需矛盾的尖锐化，为国家的能源安全和经济可持续发展提供保障。

需求侧管理的社会综合成本效益分析，主要是从政府的角度出发，站在电力供需关系的全社会的层面，对需求侧管理项目的实施收益进行评价。具体来说，实施需求侧管理的主要效益体现在以下方面：提高全社会用电效率，节约一次能源；减少电能总量消耗，减少污染物排放；降低高峰负荷增长，延缓或是减少电力建设投资；平抑电价，提高社会整体资金利用率；稳定社会用电秩序，保障社会经济的正常运转与可持续发展。此外，由于实施需求侧管理项目催生的新兴行业发展带来的就业机会的增加，也是需求侧管理项目社会综合成本效益的体现。

可以看出，将社会综合成本效益全部货币量化是相当困难的，通常只能进行近似分析，将电力企业作为实施需求侧管理的主体，将参与的电力用户作为管理对象，分析需求侧管理方案实施后对电力企业和参与的电力用户形成的社会整体价值，检验电力企业和参与的电力用户为实施需求侧管理项目所支付的总成本是否低于所获得的总收益，如果总成本小于总收益，实施的需求侧管理方案就是可行的。在进行总体分析时，是不区别资金的来源和效益贡献的，例如对电力企业来说，用于支付需求侧管理的项目支持费用是实施成本，而对参与实施的电力用户来说就是实施效益；用户节省的电费开支对电力企业来说也是实施成本，对参与实施的电力用户来说还是实施效益。这种在社会内部群体之间转移的费用在社会综合效益分析时是不必考虑的。所以实施需求侧管理的社会综合成本效益分析其实就是将实施需求侧管理方案与不实施需求侧管理方案相比，看社会所节省的费用是否高于它所支出的费用。因此，只要社会节电成本低于新增电量成本，就会减少社会的资本投入和抑制电价的上涨，对社会的成本就是有经济效益的。

如果考虑资金的时间价值，需求侧管理项目中社会综合成本效益分析的数学模型为

$$C_s = \sum_{i=1}^{m} \frac{K_{fi} + G_{di}}{(1+r_s)^i} \tag{3-19}$$

$$B_s = \sum_{i=1}^{m} \frac{(F_{dbi} + F_{dti})}{(1+r_s)^i} \tag{3-20}$$

式中 C_s——社会的总成本；
B_s——社会的总收益；
K_{fi}——第 i 年节电项目支出费用；
G_{di}——第 i 年项目管理费用；
F_{dbi}——第 i 年可避免电量成本费用；
F_{dti}——第 i 年可避免电量运营费用；
r_s——社会的折现率。

基于全社会的观点，社会获得的效益还有环境效益，主要包括 SO_2 和 CO_2 排量的减少。SO_2 和 CO_2 的减排量可以用可避免电量乘以 SO_2 和 CO_2 的减排系数获得。

SO_2 减排量为

$$A_{SO_2} = \lambda_{SO_2} \Delta W_f \tag{3-21}$$

$$\lambda_{SO_2} = \alpha_S \beta_S \gamma_S \tag{3-22}$$

式中 A_{SO_2}——SO_2 减排量；
λ_{SO_2}——SO_2 减排系数；
α_S——燃料含 S 率；
β_S——S 到 SO_2 的转换系数，一般取值为 2；
γ_S——S 的释放率；
ΔW_f——可避免电量。

SO_2 减排量为

$$A_{CO_2} = \lambda_{CO_2} \Delta W_f \tag{3-23}$$

$$\lambda_{CO_2} = \alpha_C \beta_C \gamma_C \tag{3-24}$$

式中 A_{CO_2}——SO_2 减排量；
λ_{CO_2}——CO_2 减排系数；
α_C——燃料含 C 率；
β_C——C 到 CO_2 的转换系数，一般取值为 3.667；
γ_C——C 的释放率。

3.6 成本效益评价方法

对工程项目的成本效益评价，是对整个寿命期内的投入和产出进行货币等值计算和对比的方法，它不仅能够对过去的投资效果做出得失判断，还可以对现今的投资决策提供依据，对未来的投资前景做出一定程度的预测。对需求侧管理方案的成本效益评价与一般工程项目技术方案采用的比较方法是相同的，只是在运用时要针对需求侧管理技术方案的特

点选用适宜的方法，并具体计算出来。成本效益的评价方法主要有现值法、净现值率法（NPVR）、年金法、内部收益率法（IRR）、益本比法（BCR）和投资回收期法6种。

3.6.1 现值法

现值法是指按设定的折现率或者最低期望盈利率，将投资项目在整个寿命周期内发生的各年的净现金流量折现到基准年的比较方法。现值法又分为净现值法（NPV）和费用现值法（PW）。现值法是反映项目在建设和生产服务年限内获利能力的指标。

1. 净现值法

净现值法是将各个技术方案的净现值进行比较的方法，其表达式为

$$NPV = \sum_{t=0}^{n} \frac{C_t}{(1+i)^t} \tag{3-25}$$

式中 NPV——净现值；

C_t——第 t 年投入和产出的现金流量；

i——基准折现率；

n——计算周期。

应用净现值指标评价单一项目时，其评价标准为：当 NPV<0 时，方案不可行；当 NPV>0 时，方案可行；当 NPV=0 时，方案可行与否视情况而定。若投资来源于借贷资金，计算净现值所有 i 等于借贷资金成本，则 NPV=0 意味着归还本金与利息后无利可图，方案视为不可行；若投资来源于自有资金，i 等于机会成本，则 NPV=0 意味着投资所得收益与机会成本相同，方案应视为可行。

由式（3-25）可以看到：NPV 是 i 的函数，显然，基准折现率对 NPV 是有很大的影响，基准折现率一般参照以下两个标准取值：

（1）行业财务基准收益率。项目财务评价时计算财务净现值的折现率。有时也可以现行投资贷款利率为参考，制订适宜的折现率。

（2）社会折现率。项目进行国民经济评价时计算经济净现值的折现率。反映了从国家角度对资金机会成本、资金时间价值以及对资金盈利能力的一种估量。目前我国一般将社会折现率取为12%。

2. 费用现值法

费用现值法属于最小费用法中的一种，它是在各个技术方案收益相同的条件下，比较支出现值的方法，以支出现值最小的方案为优。其表达式为

$$PW = \sum_{t=0}^{n} \frac{I_t}{(1+i)^t} \tag{3-26}$$

式中 PW——支出现值；

I_t——第 t 年投入的现金流量；

i——基准折现率；

n——计算周期。

3.6.2 净现值率法

净现值率又称净现值比率或者净现值指数。该指数反映的是项目净现值的相对水

平，即单位投资所获得的净现值，以反映单位资金的利用效率。当投资者注重单位投资的盈利能力时，计算该指标很有必要。净现值率法是项目净现值与总投资现值之比，计算公式为

$$NPVR = \frac{NPV}{I_p} = \frac{NPV}{\sum_{t=0}^{n} \frac{I_t}{(1+i)^t}} \tag{3-27}$$

式中 NPVR——净现值率；

I_p——项目总投资现值；

I_t——项目第 t 年投入的现金流量；

i——基准折现率；

n——计算周期。

该方法是在净现值指标基础上发展起来的，可以作为 NPV 的一种补充。当 NPVR＞1 时，表明项目可以获得多于基准收益率的现值收益；而当 NPVR＝1 时，表明项目的收益率刚好等于基准收益率；当 NPVR＜1 时，表明项目的经济效益低于基准收益率，需要结合考察核算的对象、大小对项目的经济效益进行比较。

3.6.3 年金法

年金法是将各个技术方案的投入和产出的资本折算到等额年金来比较的方法，实质上是以资本均值化后进行的比较方法。年金法又分为年值法（AW）和年费用法（AC）。

1. 年值法

年值法是将各个技术方案的净收益等额年金值（年值）进行比较的方法，以年值大的方案为优，其表达式为

$$AW = NPV\left[\frac{i(1+i)^t}{(1+i)^t - 1}\right] \tag{3-28}$$

式中 AW——年值；

NPV——项目净现值；

i——基准折现率。

应用年值法评价单一项目时，其评价标准为：当 AW≥0 时，表示投入资本可以获得大于或是等于预期的投资效果，方案可行；反之，当 AW＜0 时，投入资本可以获得小于预期的投资效果，方案不可行。

2. 年费用法

年费用法属于最小费用法的一种，它是在各个技术方案收益相同的条件下，比较支出等额年金值（年费用）的方法，以支出年费用最小的方案为优，其表达式为

$$AC = PW\left[\frac{i(1+i)^t}{(1+i)^t - 1}\right] \tag{3-29}$$

式中 AC——年费用；

PW——项目支出现值；

i——基准折现率。

3.6.4 内部收益率法

使用净现值或者年值指标评价投资项目的经济效益需要事先确定一个标准折现率，它反映了投资者希望达到的单位投资年均收益水平，即最低期望收利率，但这两个指标不能直接反映单位投资的实际均收益率水平，故有时用内部收益率指标来进行投资决策。

对于一个技术方案，其净现值随折现率的增加而减少。内部收益率又称内部报酬率，是指使得项目 NPV=0 时的折现率。

内部收益率法的经济含义是指项目在整个寿命期内，在抵偿了包括投资在内的全部成本后，每年还产生 IRR 的经济利率。由于内部收益率反映投资本身在整个寿命期内实际达到的收利率，所以 IRR 的数值越高，其项目的经济性越好。

决策时先确定一个基准的收益率作为比较标准。如果计算所得到的内部收益率 IRR 大于或等于基准收益率，说明投入资本可以获得大于或等于预期的投资效果，方案可行；反之，小于基准收益率，则认为方案不可行。内部收益率越高则预期的投资效果越好，其表达式为

$$\sum_{t=0}^{n}\frac{C_t}{(1+i)^t}=0 \tag{3-30}$$

式中 C_t——第 t 年投入和产出的现金流量；

i——基准折现率。

内部收益率不能直接用式（3-30）计算得出，而是采用试差逐步逼近法和内插法计算。具体步骤如下：

（1）确定一个适当的折现率，计算投入和产出的资本净现值 NPV。

（2）若净现值为正，重新设定一个较大的折现率再计算净现值；若净现值为负，则重新设定一个较小的折现率再计算净现值。

（3）以此类推反复计算，直到净现值改变正负号后彼此逼近零值两侧时，假定其间关系为直线关系，利用内插法求出 IRR 值，内插法的公式为

$$IRR=i_d+\frac{NPV_d}{|NPV_g|+NPV_d}(i_g-i_d) \tag{3-31}$$

式中 IRR——内部收益率；

i_d——较小设定的折现率；

i_g——较大设定的折现率；

NPV_d——以 i_d 计算出的净现值；

NPV_g——以 i_g 计算出的净现值绝对值。

3.6.5 益本比法

益本比法全称收益成本比值法，指项目在整个寿命期内收益的等效值与成本的等效值之比。当 BCR≥1 时，说明收益大于或等于投入，投入资本可以获得大于或等于预期的投资效果，方案可行；反之，当 BCR<1 时，方案不可行。以益本比大的方案为优，计算公式为

$$BCR = \frac{B}{C} = \frac{\sum_{t=0}^{n} \frac{B_t}{(1+i)^t}}{\sum_{t=0}^{n} \frac{C_t}{(1+i)^t}} \tag{3-32}$$

式中　BCR——益本比；

B——收益现值；

C——投入现值；

i——基准折现率。

3.6.6　投资回收期法

投资回收期法又称为偿还年限法或是还本期限法，所谓的投资回收期，是指投资回收的期限，也就是用项目的净收益抵偿全部投资所需要的时间。当投资回收期小于或等于规定或设定的偿还期限时，说明投入资本可以获得大于或等于预期的投资效果。对于投资者来说，投资回收期越短越好，从而降低投资的风险。

投资回收期有两种表达方式：一种是不考虑资金的时间价值，称为简单投资回收期（T_0）；一种是考虑资金的时间价值，称为折现投资回收期（T_m）。

1. 简单投资回收期

在不考虑资金时间价值时，其投资回收期等于累积产出和累积投入现金流等于零的年数，其表达式为

$$\sum_{t=0}^{T_0} C_t = 0 \tag{3-33}$$

式中　C_t——第 t 年投入和产出的现金流量 。

投资回收期一般是根据现金流量计算累积现金流量等于零时的年限。和前述 IRR 法类似，T_0不能由式（3-33）直接求得，可以利用内插法求取 T_0。

2. 折现投资回收期

在考虑资金时间价值时，其投资回收期等于累积净现值等于零的年数，其表达式为

$$\sum_{t=0}^{n} \frac{C_t}{(1+i)^t} = 0 \tag{3-34}$$

式中　C_t——第 t 年投入和产出的现金流量；

i——基准折现率。

和前述 IRR 法类似，T_m不能由式（3-34）直接求得，可以利用内插法求取 T_m。

为了发挥投资效果，令有限的资金得到更有效的利用，在判断技术方案可行性时，常采用现值法作为依据，在进行技术方案优先关系排序时，常采用益本比法或是净现值率法作为优先排序的指标。

基于数据挖掘的电力企业需求侧管理的方案设计及实证分析

需求侧管理的实施需要先进行方案的设计，设计要先根据实施区域内电力供应情况规划具体的实施步骤、技术方案。本章将结合贵州省某地区供电公司的案例加以详细介绍，介绍整个地市级电力企业在完整实施需求侧管理中的步骤和技术方案。

4.1 应用需求分析

在制订电力需求侧管理实施方案时，首先要进行实施的应用需求分析，然后再根据实施各方的自身条件和供、用电特点等情况构建具体的实施步骤和技术方案。实施需求侧管理主要是为了改变电网供电的电力和电量。当供电区域内电力短缺，传统的解决方法就是增加电源和电网的建设，这种方法不仅投资巨大，而且见效慢，并且负荷曲线中的高峰负荷部分累计持续的时间并不长，如果专门为其进行电源和电网建设是非常不经济的，如果能够在现有电力资源的基础上通过实施需求侧管理来降低电网的峰荷时段电力需求，则具有较强的现实意义。当供电区域内装机容量比较富余，但是环境等约束条件比较苛刻，不同电力企业对用户的竞争比较激烈时，实施需求侧管理一方面不仅可以降低电网峰荷时段的电力需求，同时还要增加电网低谷时段的电力需求，在达到系统电力供需平衡的前提下实现资源的合理配置。所以，对于供电紧缺，特别是峰期供电紧张的电力企业，实施需求侧管理主要是为了改变电网供电电力；对于供电相对富余的电力企业，实施需求侧管理则更重视改变供电电量。无论何种需求，都是需要参与需求侧管理的各方协同提高终端用电效率和改变用户的用电模式。

贵州某地区由于电网发展的历史原因，存在着地区电网公司与地方电网共同承担供电服务的状况，地区电网公司与地方电网两网并存的竞争格局已然形成，两网在规划建设、并网运行以及营销服务等多个方面存在竞争和争议，从而出现了电网无序建设、重复投资、报装业务受限等多方面问题，特别在对工业用户负荷的争抢上日趋激烈，两网的竞争迅速加剧。为了提高地区电网公司在竞争过程中的核心竞争力，探索出新形势下大电网与地方电网的竞争与发展模式，地区电网公司有必要制订相关的竞争对应策略，寻找出复杂竞争环境下的新型发展模式。

在新一轮电力市场化改革及贵州省电力改革试点的背景下，该地区电网公司在与竞争对手在运营等方面将会面临新的挑战和机会，结合新的电力市场下的实际情况，该地区电网公司除了要依托现有的坚强网架、优良资产、客户资源外，还要提高其在电网规划和电力营销服务方面的竞争力，所以该地区电网公司特别开展了一系列的新形势下大电网与地方电网竞争与发展的研究，旨在通过对央企直属地方电网和政府隶属的地方电网竞争和发展模式的分析，制订出新环境下的发展策略，分别从管理、价格、服务、目标市场以及外部环境 5 个维度制订出地区电网公司与地方电网的竞争策略，即 5 维竞争应对策略。其中在管理维度强调流程管理、人才管理、资产管理以及售电公司组建等工作；在价格维度强调在购电侧价格、销售侧价格以及基于边际成本定价等方面的策略优化；在服务维度强调通过市场细分和用户划分管理开展各类型的黏性营销服务方案；在目标市场维度强调引入业扩配套工程、投资界面优化以及园区配电资产接收等模式；在外部环境维度强调两网的信息公开和统筹规划等工作。

需求侧管理从根本上改变了电力行业一直以来将用户的用电需求看作电网规划、建设和运营的外在因素的做法，将电网公司的职能拓展到了终端用户的用电领域，对资源的配置和管理方式产生了巨大的影响，将电力用户作为同等的资源来进行开发和利用，这就更加适应于电力市场建立后的竞争运行机制的要求，改进了电网公司现行的管理体制和职能，会使电网公司获得显著的经济效益和群体效益。

可以看出，电力需求侧管理与该地区电网公司制订的上述发展策略是一致的，具体来说，是在用户侧从价格维度和服务维度出发，引入需求侧管理这样的合理利用能源的管理方法来提高地区电网公司运营的可靠性和服务水平，以降低电力企业的经营成本，提高企业的竞争力。需求侧管理在满足同样用电功能的前提下，通过经济刺激提高了终端用电效率和改变终端用电方式，将有限的电力资源最有效地加以利用，从而实现参与各方的综合效益最大化。它将供电方和用电方纳入一个整体，无论是在电力短缺还是在电力富余的时候，让用户和电力企业为供电和用电效果共同承担风险，共同争取利益，在双方之间建立起融洽的合作关系，这就具体落实了地区电网公司强调的要开展的大用户的黏性营销与固化工作，以用户为核心进行负荷优化、电能管理及综合效能分析营销工作，实现了用户的差异化营销。所以实施需求侧管理与地区电网公司制订的市场营销策略在根本上是统一的，也可以说是相互交织、共同发挥作用的。根据该地区电网公司现阶段的供电情况，不存在电力短缺的情况，所以现阶段的实施需求侧管理主要是为了改变电量，即重点应用需求在负荷管理上，特别是目前竞争激烈的工业用户的负荷管理上。随着社会经济的发展和用电需求的增加，未来有可能出现电力供不应求的时候，实施需求侧管理就是为了改变电力，重点应用需求就将转移到节能战略上。

4.2 实施步骤及技术方案

需求侧管理的实施取决于现有电网供电情况的基础条件、实施目标和实施环境，实际上不存在一个固定不变的规划实施步骤和技术方案，通常是对规划对象进行调研后设计出一个系统的技术方案，而在规划过程中不断加以调整和完善，具体步骤是将整个过程分解为几个相互独立又相互衔接和制约的部分，形成一个分层次的工作流程和步骤，再按照设计的流程步骤完成各阶段技术方案的编制。

基本步骤如下：第一部分是需求侧管理实施的资源分析并进行评估，对所供区域内的社会经济情况、电网供电情况、用户用电情况等各种宏观、微观系统进行调查，从深度和广度分析涉及的因素，从而对需求侧管理的实施目标、实施对象、实施期限等进行规划；第二部分是对实施需求侧管理的对象利用相关数据挖掘技术进行电力负荷预测和聚类分析，对实施需求侧管理的对象进行电力负荷预测是进行需求侧管理的基础条件，也是后续进行需求侧管理效益评估的重要依据，而实施用户的聚类分析是根据拟定的不同需求侧管理方案筛选合适的实施对象，聚类分析是在对典型用户进行技术经济分析的基础上将大体类同的用户进行聚类，使得用户有针对性地实施特定的需求侧管理方案，从而使实施结果易于实现见效；第三部分是对电力用户按照聚类结果进行实施方案的匹配，并对实施后的响应结果进行预测，在对用户进行响应预测时要结合已有的实施经验和判断，判断不同用户可能的响应程度，调节潜力；第四部分是对整体的需求根据评估结果判定实施的方案有效性和可行性，为制订下一步需求侧管理实施方案提供支持和依据。规划步骤如图4.1所示。

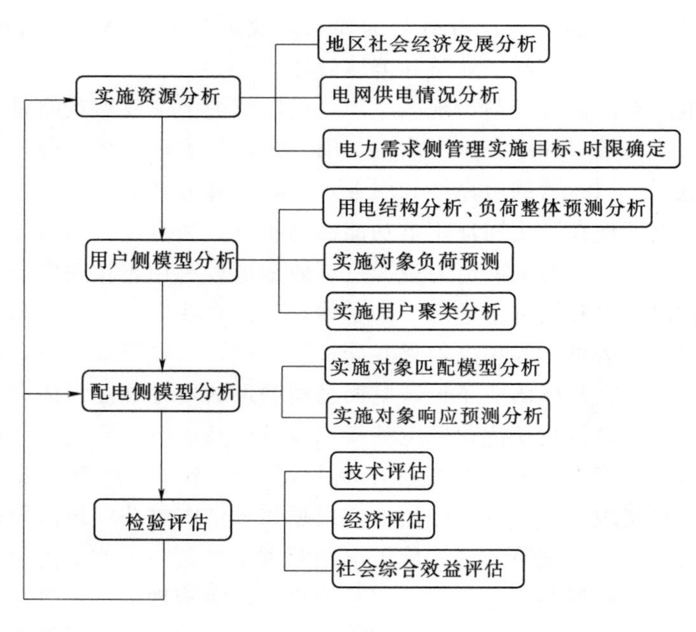

图4.1 规划步骤

整个规划步骤中，调查分析应该是贯穿始终的，因为具体方案的制订、实施及评估往往基于预先预测的一些基本假设条件，如用电需求的增长预测、用电结构的预测等基本假设条件，在这一组基本假设条件变化不大的情况下设计的方案应该是相对最优的，但是电网和用户的实际运行情况往往存在不确定性，如果规划的假设条件与实际不相符，设计的实施方案的鲁棒性不足，规划设计的方案就有可能劣于其他方案，所以有必要在项目实施的各个阶段对实施方案进行评价和估算，如果规划中的敏感变量发生了超出预定范围的变化，就有必要对该变量进行相应修正，变量的调整有可能直接影响实施方案的制订，也有可能影响实施方案的选择，这都需要灵活决定，在经过设定的实施周期之后，还要对实施方案进行闭环评估，因为随着实施方案的推进，参与实施的电力用户的用电模式也将发生变化，这种变化幅度如果符合设定的预先期望，设计的实施方案就是合理可行的，如果变化幅度超过预期，设计的实施方案就需要改进。所以调查分析应该从始至终贯穿到整个过程，才能不断调整和完善整个技术方案，使得实施方案具有较强的鲁棒性和可操作性。

这些调查分析来源于电力企业的各个部门，如生产数据、运营数据、管理数据等，对这些海量的电网数据进行处理、整合、深入分析才能获得进行需求侧管理的有价值、有意义的信息。仅仅依靠传统的“人工＋设备＋经验”的方式是无法适应需求侧管理要求的，所以在整个需求侧管理实施过程中，需要利用各种数据挖掘技术进行负荷预测、用户聚类等分析，从多种类的电力数据中找出规律，挖掘知识，从而提供决策支持。

4.3 需求侧管理实施资源分析

实施资源分析主要是对拟定的规划区域内社会经济发展状况、电网供电情况、终端负荷用电情况等基本情况进行系统调查分析及评估，在此基础上明确需求侧管理的实施目标、对象及期限等。此部分应该是实施需求侧管理的基础条件，根据分析结果应能够初步分析得出实施需求侧管理的可行性和可行程度的一个轮廓性概念。

4.3.1 实施资源分析

4.3.1.1 实施资源调查

对实施资源进行调查分析大体包括以下方面内容：

（1）供电区域内社会经济发展现状及预测。在进行需求侧管理方案设计时，首先要对现有供电区域内社会经济现状和发展趋势进行分析，才能预测出未来供电区域内的用电情况和发展趋势，制订符合实际的切实可行的需求侧管理实施方案。

（2）供电区域内电源结构及电源供应情况。在进行需求侧管理方案实施中，如果供电区域内的电源出力能满足系统的电力供需平衡，或者是在电力平衡中占比很大，则需要考虑电网负荷曲线的变化特性与电源的出力特性的相关性，需要考虑对有限的电力资源最有效的利用方式。

（3）供电区域内电能消费水平、用电结构及发展趋势预测。对供电区域内的电能历史消费水平的分析，可以预测未来供电量的发展趋势，也可以预测出未来电力市场的发展趋势以及各种影响电力市场发展的影响因素，为制订需求侧管理应用需求提供依据。

用电结构代表了需求侧资源在各个行业的占有程度。用电结构划分需要适用于需求侧管理方案的结构模式和分类方法，通常可以采用部门分类方法，即把具有相似用电模式和特点的用户组合在一起。这种分类方法的最大好处是这种统计方式和现行电价制度相近，在实施需求侧管理方案和进行经济刺激时，可以作为参考。用电结构划分方法确定后就需要根据各类用户的用电量比例及用电量历史水平进行分析，找出各类用户对电网总负荷的影响程度，确定未来需求侧管理方案实施的重点对象。

（4）供电区域内整体负荷用电特性及各行业负荷用电特性。对供电区域内整体负荷用电特性进行分析，主要是电网的年负荷特性和日负荷特性分别进行分析。根据历史年负荷特性，可以分析出一年之中各季节、各月份的负荷变化趋势，有利于根据不同季节负荷的变化特性制订出相应的需求侧管理方案。对电网的日负荷特性进行分析主要是对一年中的各季节、各月份的典型日负荷变化进行分析，找出一日之中负荷变化的趋势和特性。

根据用电结构分析还需要对各行业典型用户进行负荷特性分析，找出不同行业用户的负荷变化与电网总体负荷变化的相关性，分析出不同行业用户实施需求侧管理方案的可行性和可调潜力。

（5）供电区域内已实施的节电、负荷管理规划及实施过程中存在的问题及障碍。通过供电区域内已实施的节电、负荷管理规划的了解和分析，可以找出这类规划在实施过程中存在的问题和障碍，从而可以参考分析出制订需求侧管理方案的用户可接受程度与实施可行性。

（6）供电区域内现行电价执行情况。对供电区域内现行电价执行情况的分析，主要是分析目前实施的电价分类及各类电价水平。电价是实施需求侧管理的最主要的经济刺激措施，因为用户对于电价的刺激最为敏感，合理电价机制的制订直接影响需求侧管理方案的可操作性。

4.3.1.2 贵州省某地区供电公司需求侧管理实施资源调查

结合上述内容，对贵州省某地区供电公司开展实施需求侧管理的资源调查，内容如下。

1. 地区电网供电区域内社会经济发展现状及预测

根据政府部门统计，该地区供电公司所供区域内，2012—2016年的国民生产总值年均增长率为19.07%，社会经济发展情况见表4.1。

表4.1 社会经济发展情况

项　目	2012年	2013年	2014年	2015年	2016年	年均增长率/%
国内生产总值/亿元	462.30	558.90	671.00	801.70	929.14	19.07
第一产业/亿元	75.30	88.46	113.40	168.30	199.20	27.53
第二产业/亿元	168.10	205.60	240.60	273.30	302.48	15.82
第三产业/亿元	218.90	264.90	317.00	360.10	427.46	18.21

由表4.1可见，该地区的经济是持续发展的，而且增长率都保持在较高水平，这就意味着该地区的用电需求在未来时间内也将随之增长，用电需求的增长同时也意味着用电市

场的扩大，在这种情况下，包括需求侧管理在内的各种电力市场营销策略的制订和实施就显得尤为重要和迫切。

2. 地区电网供电区域内电源结构及供应情况

该地区电网 110kV 及以下电压等级接入电网的电源情况见表 4.2。

表 4.2　地区电网 110kV 及以下电压等级接入电网的电源情况

类别	装机容量/MW	所占比例/%
水电	304.535	76.03
其他	96.00	23.97
合计	400.535	100

由表 4.2 可见，该地区配电网中，110kV 及以下电压等级接入电网的电源主要以水电为主，水电机组的出力会明显受到季节因素影响，特别在冬季枯水期，出力将大大减少，所以该地区的用电负荷主要还是依靠贵州电网主网供应。

3. 地区电网内电能消费水平、用电结构及发展趋势预测

（1）地区电网电能消费水平情况及发展趋势预测。根据该地区供电公司市场部的相关数据，其 2012—2016 年的售电量呈下降趋势，售电量年均增长率为－4.48%，地区电网 2012—2016 年售电量情况见表 4.3。

表 4.3　地区电网 2012—2016 年售电量情况

项　目	2012 年	2013 年	2014 年	2015 年	2016 年	年均增长率/%
售电量/(亿 kW·h)	58.74	61.59	61.41	53.12	48.89	－4.48
增长率/%	—	4.87	－0.30	－13.50	－7.96	—

由表 4.3 可见，该地区电网 2012—2016 年售电量的增长情况并不稳定，在 2014 年以后出现了增长率为负的情况，其中 2015 年的增幅下降明显，达到了－13.5%，与地区同期的社会经济发展趋势是不一致的，根据上述分析可见，2012—2016 年该地区的国民生产总值增长一致保持在较高水平上，相应的电力需求增长也应该维持较高水平，而地区供电公司售电量的下滑意味着在该地区，地区供电公司的电力市场不仅没有扩大，反而出现萎缩，这显著体现出由于地方电网参与供电，两网供电竞争的激烈，在这种情况下，包括需求侧管理在内的各种电力市场营销策略的规划制订和实施迫在眉睫。

（2）地区电网用电结构情况及发展趋势预测。对该地区供电公司市场部的数据进行详细分解和分析，根据 2012—2016 年各行业的售电量数据统计，该地区电网供电区域内居民、非居民生活、商业、非普通工业和农业用电占比稳定增长，大工业用电占比却逐年下降，但是大工业用户仍然是地区电网用电比重最大的行业，都在 50%以上，地区电网 2012—2016 年用电结构情况见表 4.4。

根据统计分析，该地区电网供电区域内商业用电稳定增长；居民、非居民和农业用电出现波动，但是整体还是上升趋势；但是工业用电特别是大工业用电逐年下降，下降幅度明显，地区电网 2012—2016 年行业用电情况见表 4.5。

表 4.4　　地区电网 2012—2016 年用电结构情况

类　别		2012 年	2013 年	2014 年	2015 年	2016 年
用电占比/%	居民	18.67	20.04	22.99	25.91	27.73
	非居民生活	3.16	3.39	3.82	4.09	4.53
	商业	3.36	3.83	4.57	5.54	6.64
	非普通工业	7.42	7.14	8.41	9.01	9.28
	大工业	66.90	65.11	59.73	54.88	51.11
	农业	0.50	0.49	0.48	0.56	0.72

表 4.5　　地区电网 2012—2016 年行业用电情况

类　别		2013 年	2014 年	2015 年	2016 年
用电量增长率/%	居民	7.07	14.60	1.13	−2.15
	非居民生活	6.92	12.73	−3.97	1.39
	商业	13.80	19.06	8.87	9.50
	非普通工业	−4.03	17.81	−3.92	−5.90
	大工业	−2.94	−8.34	−17.58	−14.86
	农业	−1.04	−2.45	4.31	16.55

由表 4.4 和表 4.5 可见，根据对该地区用电分析，工业占比最大，特别是大工业用户，用电占比超过 50%，但是用电量的下降却是最为明显和突出的，特别是 2015—2016 年用电量下降超过了 10%，可以看出该地区电力市场的竞争中，大工业用户竞争最为激烈，针对大工业用户的方案是需求侧管理方案制订中的重中之重。

4. 地区电网内整体负荷用电特性及行业负荷用电特性

（1）地区电网整体负荷用电特性分析。由该地区供电公司调度部门取得的负荷数据可以得到该地区电网 2014—2016 年年负荷曲线，如图 4.2 所示。

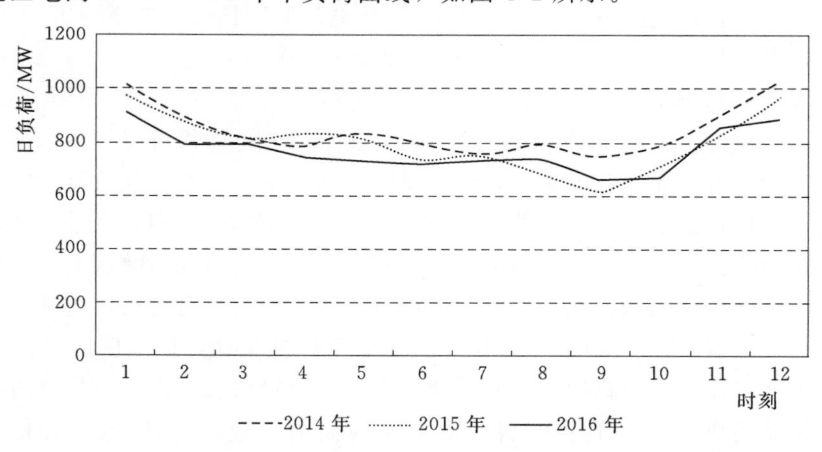

图 4.2　地区电网 2014—2016 年年负荷曲线

由图 4.2 可见，该地区电网的负荷水平 2014—2016 年呈现下降趋势，与地区电网的售电量变化趋势一致，但是负荷曲线的形状变化趋势是一致的，负荷曲线表现为冬季（11 月、12 月、1 月）是全年用电高峰期，夏、秋季（6—10 月）则是用电低谷期，这是由于贵州省处于我国的西南高海拔地区，冬季气候湿冷，取暖负荷较高，夏季气候凉爽，基本不需要降温负荷，其余月份用电负荷较为平稳。

同时根据年负荷特性曲线，选取该地区电网的典型日负荷曲线进行分析，如图 4.3 和图 4.4 所示。

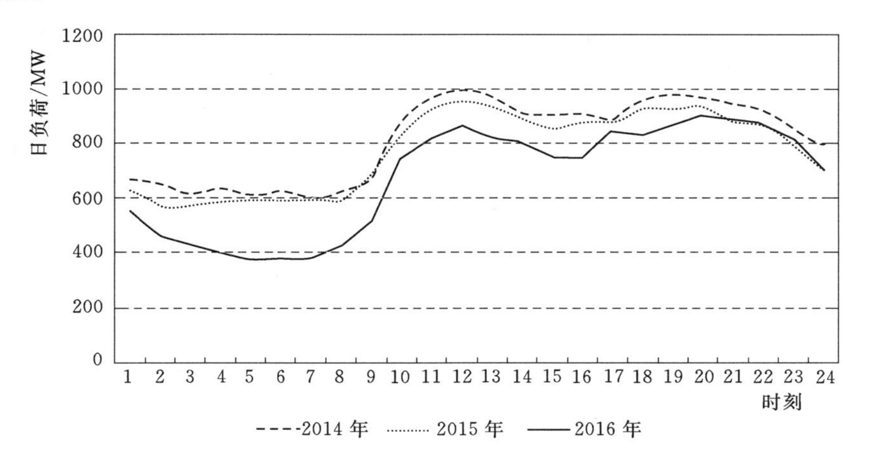

图 4.3 地区电网 2014—2016 年冬季（1 月）典型日负荷曲线

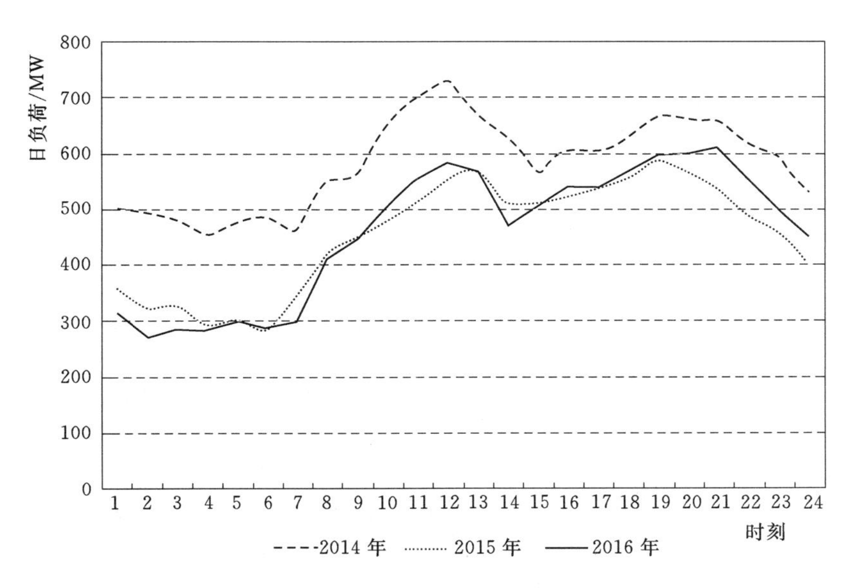

图 4.4 地区电网 2014—2016 年秋季（9 月）典型日负荷曲线

由图 4.3 和图 4.4 可见，2014—2016 年该地区电网典型日的负荷曲线也同样呈现下降趋势，但是日负荷变化规律还是一致的，冬季日负荷水平整体高于秋季，这与前述年负荷特性分析中得出的负荷受季节影响的结论是一致的。从负荷变化趋势上来看，两个季节典型日负荷曲线都呈现双峰一谷的形状，都在早上 10：00—12：00 期间出现早高峰，在晚上 18：00—20：00 出现晚高峰。同时从典型日负荷变化趋势可以看出，日负荷的峰、谷差变化有扩大的趋势，特别是冬季典型日尤为明显。

(2) 地区电网行业负荷用电特性分析。根据对该地区电网用电结构的分析，该地区电网农业负荷水平较低，2012—2016 年的用电占比都不足 1%，对负荷曲线的影响不大；居民、商业和非居民用电占比稳步增长，接近用电占比的 40%，影响在逐年增大；工业用户的用电占比逐年减少，但是都超过了用电占比的 60%，是整个系统负荷的基础部分，其中大工业用户的用电占比更高达 50%以上，是影响负荷曲线变化的最主要影响因素。

由于同类行业的负荷曲线变化具有相似性，所以选取该地区电网不同行业中生产、工作用电较稳定的典型大用户进行行业的典型性负荷特性分析，分析结果如下：

1) 化工行业负荷用电特性分析。该地区的化工行业主要以化肥、农药及地膜生产为主，这些企业一般实行三班制连续性生产，生产用电平稳，其用电负荷基本不受气候季节因素影响，而是主要受市场供需的影响。由于生产设备的用电特点，会有负荷冲击，所以负荷曲线在小范围、短时间内存在波动，但是负荷的总体变化趋势还是比较平稳，日峰、谷差也不大。选取其中一家生产规模较大、生产稳定的化肥生产企业作为行业典型用户分析其负荷用电特性，其典型日负荷曲线如图 4.5 所示。

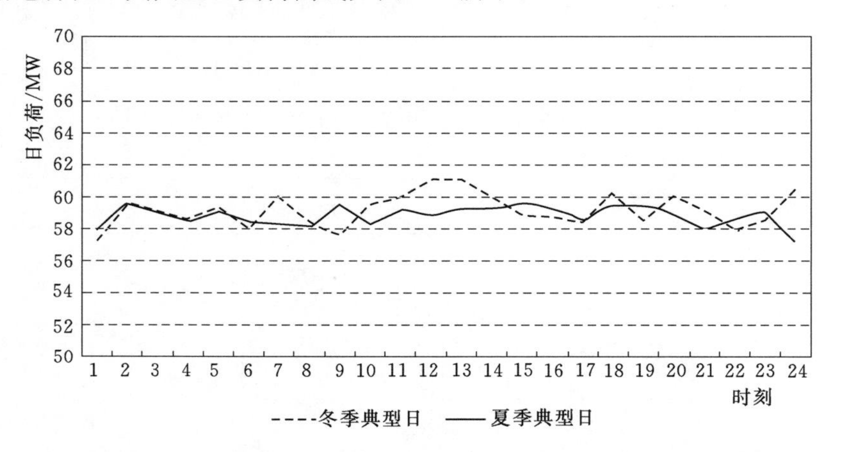

图 4.5 地区电网化工行业典型用户冬、夏季典型日负荷曲线

由图 4.5 可见，化工行业用电负荷曲线具有明显特征，全天负荷基本保持恒定，日用电负荷曲线平稳，波动相对较小，日用电量大，是该地区电网最为恒定的用电负荷之一。

2) 建材行业负荷用电特性分析。该地区的建材行业主要以水泥生产为主，这些企业同样也实行三班制连续性生产，生产用电也基本不受气候季节因素影响，在销售良好的情况下全年负荷都较为平稳，而日负荷也基本平稳，负荷波动不大，同样也是地区电网最为恒定的用电负荷之一。选取其中一家生产规模较大、生产稳定的水泥生产企业作为行业典型用户分析其负荷用电特性，其典型日负荷曲线如图 4.6 所示。

3) 采矿行业负荷用电特性分析。该地区的采矿行业主要以金矿开采为主，实行四班三倒连续生产制度，在正常生产期间，矿区的日负荷曲线形状也呈锯齿形，这是因为矿区生产在使用大功率采掘设备生产时设备的启动电流很大，启动时间长，引起的冲击负荷就大；设备启动频繁，引起的负荷冲击次数就频繁；但负荷整体水平较稳定，没有明显的峰、谷时段划分。选取其中一家生产规模较大、生产稳定的金矿开采企业作为行业典型用户分析其负荷用电特性，其典型日负荷曲线如图 4.7 所示。

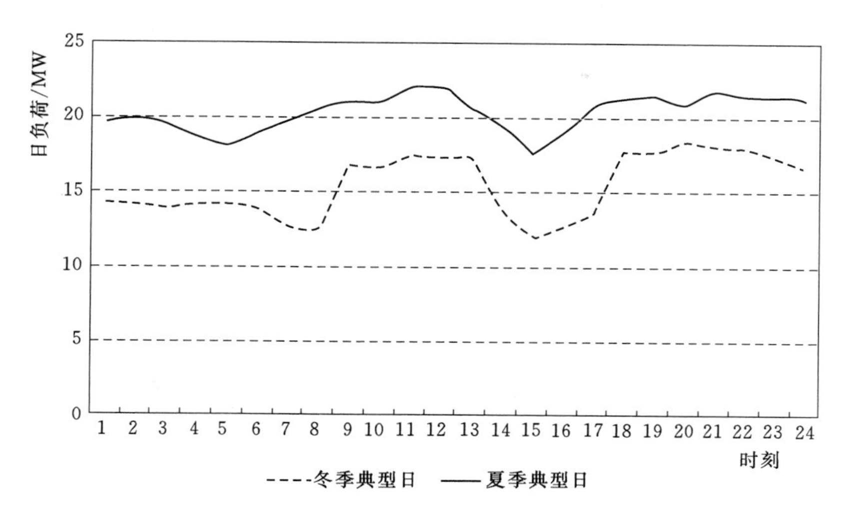

图 4.6　地区电网建材行业典型用户冬、夏季典型日负荷曲线

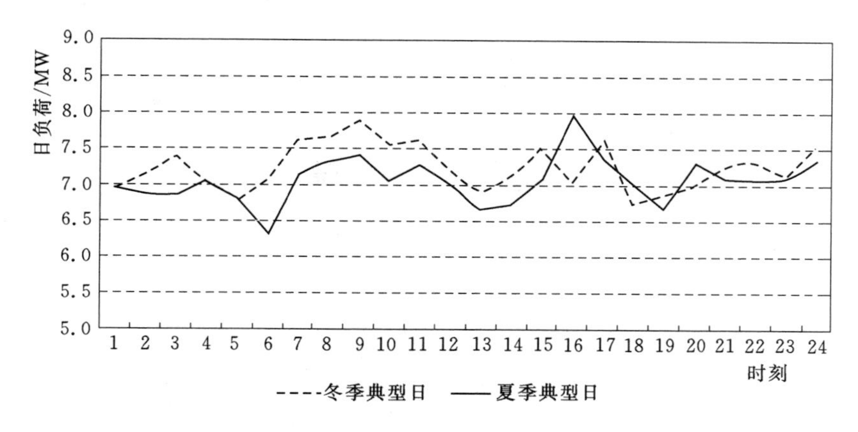

图 4.7　地区电网采矿行业典型用户冬、夏季典型日负荷曲线

4）铁路行业负荷用电特性分析。该地区电网还要为所供区域内的铁路牵引变进行供电，牵引变为明显的冲击性负荷，该负荷具有功率变化速度快、变化频繁的特点，负荷曲线呈锯齿状，负荷升降速度快，间隔时间短，负荷的变化主要与列车的通过率密切相关。这类负荷对电力系统的供电质量影响较大。选取地区电网中其中一个牵引变作为行业典型用户分析其负荷用电特性，其典型日负荷曲线如图 4.8 所示。

5）居民负荷用电特性分析。居民用电负荷主要是居民的家用电器负荷，它具有明显的季节性波动特点，并且，居民用电负荷的变化还与居民的日常生活、工作时间紧密相关。居民负荷的季节性变化将直接影响电网负荷总负荷的季节性变化，其影响程度取决于居民用电负荷在电网总负荷中所占的比例。随着经济的不断发展，各种家用电器得到了广泛使用，居民负荷变化对电网峰值负荷变化的影响将会越来越大。选取该地区电网中某一居民小区进行居民负荷用电特性分析，可知居民生活用电的夏季典型日和冬季典型日的负荷曲线形状较为一致，全天日负荷曲线呈现出明显的峰、谷特点。对比居民生活用电的夏、冬季典型日负荷曲线可知，冬季居民负荷整体上高于夏季负荷，主要是由于该地区受到气候影响，冬

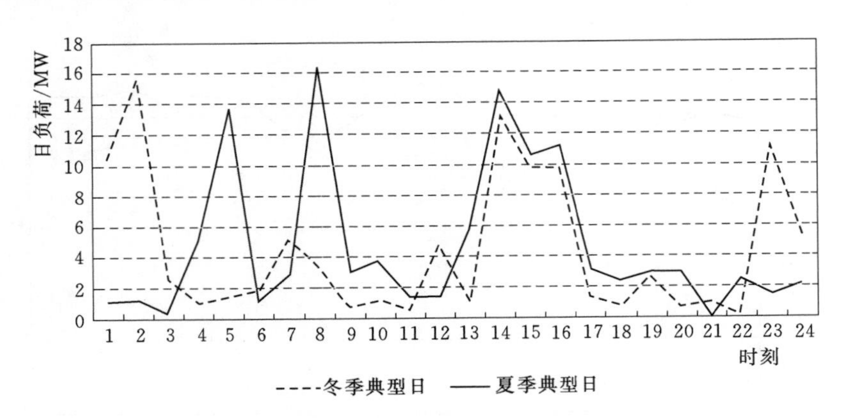

图 4.8　地区电网铁路典型用户冬、夏季典型日负荷曲线

季电气采暖负荷较多，如空调、电炉等。这种负荷的季节性差别在一天当中主要体现在白天用电时段上，深夜至凌晨的差距较小。其典型日负荷曲线如图 4.9 所示。

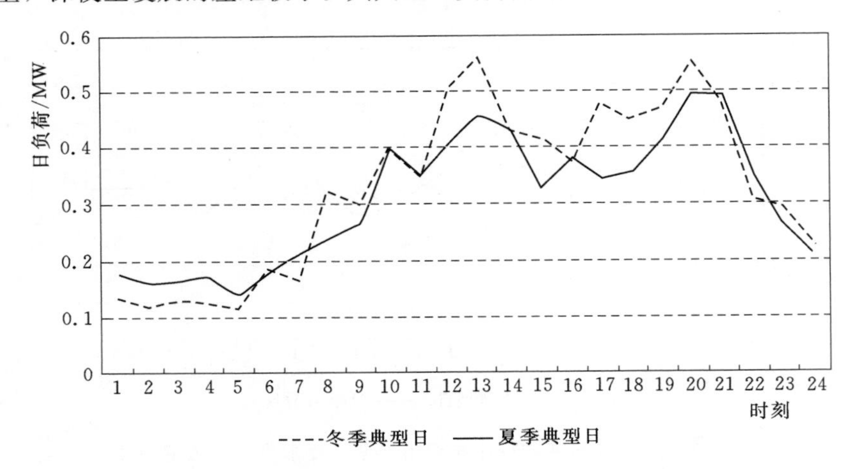

图 4.9　地区电网居民用户冬、夏季典型日负荷曲线

6）非居民负荷用电特性分析。非居民生活用电主要包含一些其他事业单位用电，如党政机关、医院、学校等。这类负荷在多数情况下较为稳定，一般在工作时间段负荷较大，休息时段负荷较小，同时还具有季节性区别。冬季典型日的用电负荷较夏季明显要高，且持续时间较长，这主要是由于取暖负荷所占比重较大造成的。现选取该地区政府和市中医院的夏、冬季典型日负荷作为该地区电网非居民生活用电的典型性分析，其典型日负荷曲线如图 4.10 和图 4.11 所示。

7）商业负荷用电特性分析。商业用电包括商业企业、物资企业、仓储、储运、旅游、娱乐、金融、房地企业的电力用电及信息产业用电。选取该地区电网中的一个商业中心作为行业典型用户分析其负荷用电特性，可知这类负荷的用电时间固定性极强，用电时间就是营业时间，负荷曲线同样具有季节性区别。由于该地区冬季气候湿冷，夏季凉爽，冬季需要取暖而夏季一般无需制冷，所以商业用电的冬季负荷明显高于夏季。其典型日负荷曲线如图 4.12 所示。

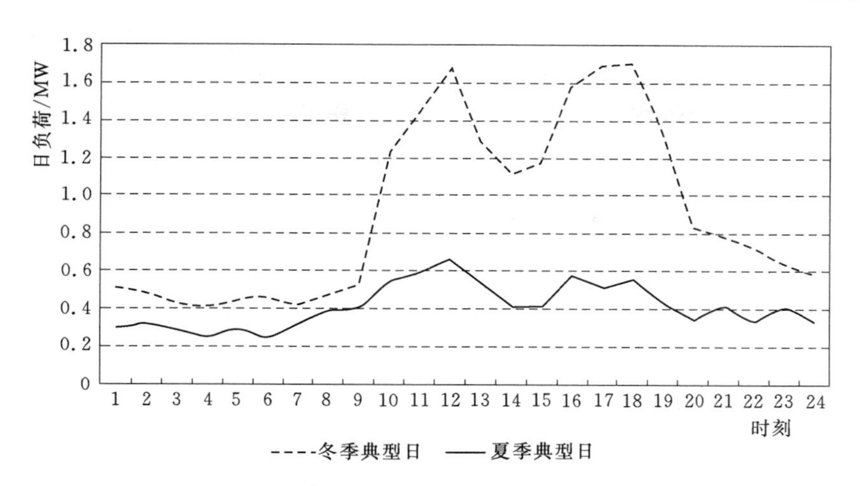

图 4.10 地区政府户冬、夏季典型日负荷曲线

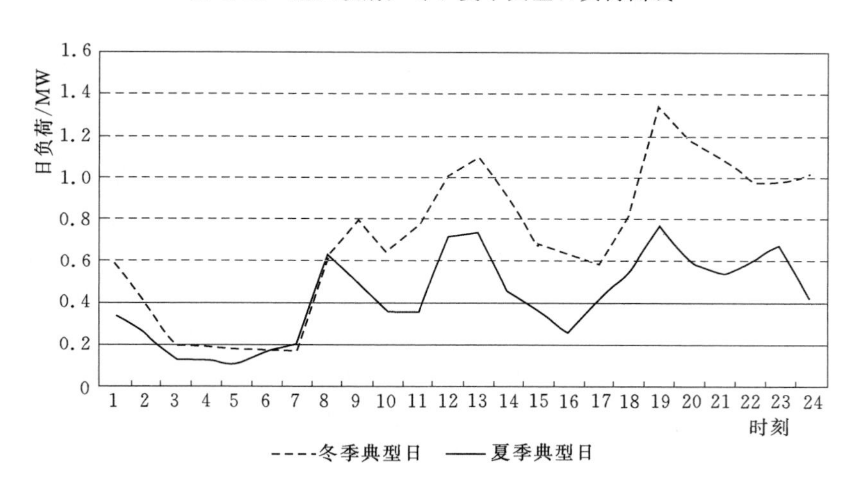

图 4.11 市中医院冬、夏季典型日负荷曲线

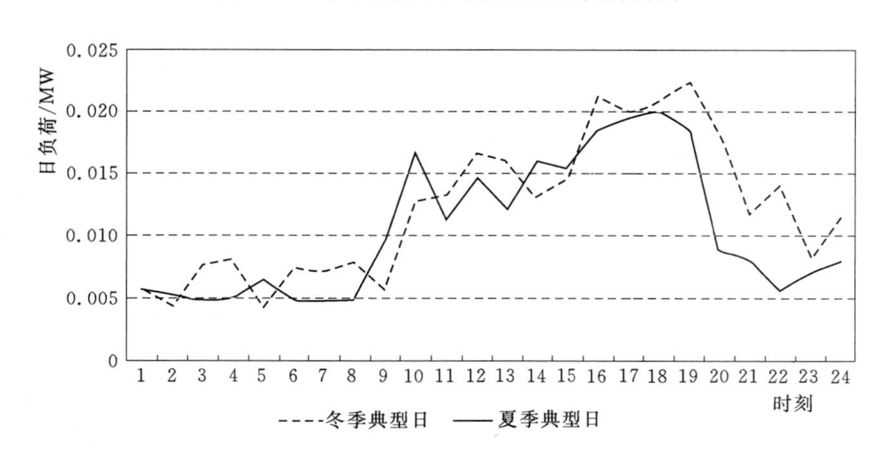

图 4.12 地区商业用户冬、夏季典型日负荷曲线

5. 地区电网内已实施的节电、负荷管理规划及实施过程中存在的问题及障碍

该地区供电公司目前已开展的有关节能的项目不多，已开展的主要是针对降低线损的工作方案。方案主要从管理方面和技术方面开展，管理方面包含了计量系统的完善、开展反窃电专项行动、加强抄核收管理及规范办公用电统计等；技术方面包含了高损配电变压器的改造、中低压线路的改造和电能表的更换。从方案内容可以看出，项目主要是在供电侧即该地区供电公司自身内部开展的，没有考虑将用户的用电需求包含在内，从而也就没有将电力企业的职能拓宽到终端用电领域。所以亟待将电力用户这一电力需求侧资源与电力企业这一电力供应侧资源同等对待，在资源规划中合理利用，实现电力应用的社会效益最大化。

6. 地区电网内现行电价执行情况

电价作为实施需求侧管理最为主要的经济刺激措施，所以要对贵州省现行的电价进行分析。目前该地区供电公司现行的电力用户分类和相应的电价是按照贵州省发展和改革委员会制订的目录电价执行的，见表4.6。

其中根据贵州省发展和改革委员会《关于进一步完善我省居民阶梯电价政策有关事宜的通知》（黔发改价格〔2016〕1299号）文件精神，居民生活用电从2016年9月1日起实行按年实施的阶梯电价政策，即居民用户仍按月抄表并结算电费，当累计电量达到年度阶梯电量分挡基数后，开始实行阶梯加价，阶梯级数为三挡。第一挡电量为3000（含）kW·h以内，电价为0.4556元/(kW·h)；第二挡电量为300～4700（含）(kW·h)，电价在第一挡电量电价基础上上调5分，即0.5056元/(kW·h)；超过4700kW·h的用电量为第三挡电量，电价在第一挡电量电价基础上上调0.3元，即0.7556元/(kW·h)。具体见表4.7。

从表4.6和表4.7可见，贵州省的居民生活电价的第一挡和第二挡水平不高，国内其他一些省区的居民用电有实行分时电价的，也有实行阶梯电价的，还有一些只执行既定的目录电价，横向比较，贵州省的居民用电的前两挡电价低于其他省区不同居民电价方案的平均水平；纵向比较，居民用电较其他用电类型更为分散，电压等级也低，管理更困难，且普遍集中在高峰时段用电，供电成本较高，但是整体的电价水平却低于其他类型用户。该地区电网同省内其他地区一样，目前除了居民生活用电外，执行的都是目录电价，居民生活用电执行的是阶梯电价。阶梯电价的实施初期，用户反应明显滞后，随着用户用电量的积累，购电费的明显增加，用户自觉调整了用电习惯，在居民阶梯电价实施半年之后，执行第一挡电价的用户售电量年累计量与上年同比有所增长，第二、三挡售电量却分别有所下降，说明通过电价的刺激作用，很好地改善了用户的用电习惯，也说明通过价格的杠杆作用驱使用户主动避峰是可行的。

表4.6中一般工商业及其他用电包含了属于第三产业的非居民生活用电、商业用电以及非普通工业用电，电价是所有用电类别中电价水平最高的，即使与国内其他省区的电价相比，电价水平也不低。贵州省的大工业用电的目录电价水平与其他各省区相比不算高，其中对中小化肥生产用电还有特殊的优惠电价，使得工业用电的电价水平整体有所下降，同时，工业用户在该地区电网中所占的用电比重最大。所以有必要对电价进行研究，尽量使其达到一个合理水平，使得各类用户在合理的电价方案刺激下进行需求侧管理方案的实施。

表 4.6　　贵州省电网销售电价表

用电分类			电度电价/[元·(kW·h)$^{-1}$]						基本电价	
			不满 1kV	10kV	20kV	35kV	110kV	220kV 及以上	最大需量 /(元·kW^{-1}·月$^{-1}$)	变压器容量 /(元·kVA^{-1}·月$^{-1}$)
一、居民生活用电	"一户一表"用户	第一挡用电	0.4556	0.4456	0.4456	0.4456				
		第二挡用电	0.5056	0.4956	0.4956	0.4956				
		第三挡用电	0.7556	0.7456	0.7456	0.7456				
	合表用户、执行居民电价的非居民用户		0.4820	0.4720	0.4720	0.4720				
二、一般工商业及其他用电			0.7224	0.7124	0.7024	0.7024				
其中：中、小化肥生产用电			0.6196	0.6096	0.6046	0.5996				
三、大工业用电				0.5497	0.5397	0.5297	0.4952	0.4906	35	26
其中：中、小化肥生产用电				0.5073	0.4973	0.4873	0.4528	0.4482	35	26
四、农业生产用电			0.4754	0.4654	0.4604	0.4554				
其中：农业排灌用电			0.3254	0.3204	0.3179	0.3154				

表4.7 贵州省居民生活用电阶梯电价表

分挡标准	年用电量/(kW·h)	电价/[元·(kW·h)$^{-1}$]
年阶梯第一挡分挡标准	3000（含）以下	0.4556
年阶梯第二挡分挡标准	3000～4700（含）	0.5056
年阶梯第三挡分挡标准	4700以上	0.7556

4.3.2 实施目标确定

4.3.2.1 实施目标的内容

根据实施资源的调查分析，结合电力企业自身的总体特性和供电服务的应用需求，可以确定实施需求侧管理的实施目标。一般来说，实施目标主要包括以下方面的内容：

（1）降低电力生产成本。

（2）降低电网建设、运营成本。

（3）降低电力用户电费支出。

（4）增加全社会用电比例。

（5）节约资源、减少环境污染。

可以看出无论是电力企业、电力用户还是全社会，都将是实施需求侧管理的直接受益者，需求侧管理是一种多方共赢的管理手段，但是这些目标之间都存在着相互依赖、彼此制约的关系，例如在鼓励用户采用节能产品的时候，一方面可以提高削峰能力，使电力用户减少电费支出，也使得电力企业获得容量效益；另一方面又使得电力企业损失了电费收入，这就存在节电效益与经济效益相悖的情况。所以在制订需求侧管理实施方案时，需要根据应用需求综合考虑选定实施目标，在为了弥补电力缺口为主要目的的需求侧管理实施方案中，主要从技术效益出发，适当考虑经济效益，以尽量减少电力缺口为目的；在供电富余的条件下，实施需求侧管理则要从经济效益出发，适当考虑技术效益，以最大化减少电力企业和电力用户电能支出成本为目的。无论哪种目的，都应该要遵守净收益大于零的原则，对于净收益为负的方案原则上是不考虑的。

4.3.2.2 贵州省某地区供电公司需求侧管理方案实施目标确定

目前该地区供电公司所处的外部运行环境是地区供电公司与地方电网两网并存、两网的竞争迅速加剧，地区供电公司与地方电网对于工业用户负荷的争抢日趋激烈。同时，地区供电公司管辖的地区电网与地方电网相比，具有稳定可靠、调节能力强、拥有调度权、管理规范等大电网的诸多优势，电网供电富余，但是近年来由于与地方电网的竞争，供电量持续下降。所以现阶段实施需求侧管理的近期应用需求是进行负荷管理，特别是目前竞争激烈的工业用户的负荷管理上，力争优化供电数量和质量，争取更多的电力用户。随着社会经济的发展，电力需求不断增长，电力供不应求的时候，实施需求侧管理的远期应用需求就转移到节能战略上了。因此该地区供电公司目前实施需求侧管理的主要目标应该是通过实施需求侧管理来进行负荷管理，最终要达到降低电力生产成本、降低电网建设和运营成本、降低电力用户的电费支出、增加全社会用电比例的目标。

实施目标之间是相互依赖、彼此制约的，通过需求侧管理的实施，优化了负荷曲线，对电网来说可以减少峰荷负荷电力需求，提高低谷负荷电力需求，从而减少电网的建设、运营成本及电力生产成本，对电力用户来说，参与到需求侧管理的负荷调节会直接得到电费上的收益，降低用户的电费支出。用户在获得收益后，就会有更多的电力用户愿意选择供电质量高、供电成本低的供电方，从而拓宽了该地区供电公司的电力市场份额，也就相应增加了全社会用电比例。

4.3.3 实施期限确定

4.3.3.1 实施期限确定原则

方案的制订和完善是一个繁杂的过程，是需要一个稳定的执行过程，用户对于方案的响应也是需要一定的时间和过程，实施期限过短或是实施方案频繁调整，将导致无法达到规划实施的预期目标，这个实施期限既要实施区域内电网的整体规划，又要考虑其中电源点的规划建设周期，还要与当地的社会经济发展规划目标一致。过长的实施期限对需求侧管理方案而言，实用价值不大；过短的实施期限对需求侧管理方案来说，如果实施效果不明显，就会降低方案的可行性和可操作性。一般来说，对于规模不大、实施性强的需求侧管理方案，实施期限为1～5年；规模较大，具有战略性方案，实施期限可以长达10年左右。

4.3.3.2 贵州省某地区供电公司需求侧管理方案实施期限确定

根据期限确定原则，该地区供电公司近期的需求侧管理方案的实施期限应该考虑为1～5年，并且可以与地方政府所做的经济发展规划以及地区供电公司本身所做的电网规划相协调，以便互为参考，避免重复。

在实施过程中，用户的用电负荷和用电模式都有可能随时间而发生变化，即用户对实施方案产生响应，如果用户负荷的这种变化方式和变化幅度与制订需求侧方案时预测的结果一致，就能达到预想成果；如果变化结果与预测结果出入较大，这就意味着所制订的需求侧管理方案的前提和依据也发生较大变化，方案存在不合理之处，需要进行改进。所以为了确保需求侧管理方案实施的合理性，在整个实施期限中，要细化时段，每年进行一次测算和评估，如果评估结果达到预期值，为了维持方案的稳定性和可操作性，就可以维持原方案的实施，如果评估结果与预期出入较大，则需要对方案进行调整甚至重新制订。

4.4 用户侧模型分析

进行需求侧管理方案设计时，对用户进行负荷预测和聚类分析是一个重点。负荷预测不仅是制订电网电力建设规划的基础条件，还是确定需求侧管理实施方案的需求方资源的重要依据，更是进行方案实施后效益评估的基本依据。负荷聚类分析是根据电力用户的用电属性和用电特性将基本特征和变化规律类似的用户进行细分，从而对不同用电需求的用户群采用更适宜的需求侧管理方案，使得不同的需求侧管理方案在执行时更具有针对性和有效性。

4.4.1 实施对象负荷预测模型

4.4.1.1 需求侧管理的实施对象的负荷预测

1. 负荷预测类型选择

一般来说，电力负荷预测按预测的周期性可以分为超短期、短期、中期和长期预测。

（1）超短期电力负荷预测指未来1h或者更短时间的负荷预测。通常用于电力系统的电能质量控制、安全监视或用于预防控制和紧急状态处理。

（2）短期电力负荷预测通常指1～7d内的负荷预测，它对发电管理部门的机组协调、水火电协调，对电力调度管理部门保证电网运行性能和准确的计划电力交易量等都有极其重要的作用。

（3）中期电力负荷预测通常为1月至1年的负荷预测，用于水库调度、机组检修、燃料计划等。

（4）长期电力负荷预测用于电源和网络的发展，需要预测数年至数十年的负荷值，其目的是合理安排电源和电网增容与改建的建设进度，提供宏观决策的依据，使电力建设满足国民经济增长和人民生活水平提高的需要。

实施需求侧管理需要进行短期和中期负荷预测，乃至长期的负荷预测，如果实施需求侧管理是为了短期内解决目前电网中负荷高峰时期电力不足，或是为了优化负荷曲线，减少电力系统电力生产成本，开拓更有潜力的电力市场，就需要进行短期和中期的负荷预测；如果将需求侧管理当作长期实施战略来引导用户用电需求，从而实现电力系统的资源优化配置，就需要进行长期负荷预测。

无论哪种预测，都需要满足负荷预测精确性和时效性的基本要求。负荷预测特别是短期负荷预测必须要具备较高的预测精确性，负荷预测的结果要与社会经济发展趋势一致，如人口的增长、经济的发展、社会生活质量的提高，如果预测结果与这些影响因素发生较大偏差，负荷预测的结果将是不精确的，只有预测精确的结果才能作为制订需求侧管理实施方案的依据。负荷预测还要及时快速地得到预测结果，才能保证预测结果具有实用价值，也才能保证需求侧管理方案有充分的实施时间。

2. 负荷预测方法

进行负荷预测的方法有多种，每种预测方法各有特点，常用的有回归分析法、人工神经网络法、SVM法等。

（1）回归分析法。

1）一元线性回归法。若 $y=a+bx+e$，则 x 与 y 的关系就是一元线性回归模型，其中 e 是随机误差，也称为随机干扰。略去误差项 e 就得到了经验回归方程，即

$$y=a+bx \tag{4-1}$$

在一元线性回归模型中，主要的工作就是根据历史数据来求出参数 a、b 的值。假设已知变量 x 和 y 的 n 对历史数据，即样本 (x_i,y_i) $(i=1,2,3,\cdots,n)$，满足：

$$y_i=a+bx_i \tag{4-2}$$

可以采用最小二乘法估计 a、b。首先按离差平方和，即

$$Q(a,b)=\sum_{i=1}^{n}(y_i-a-bx_i)^2 \tag{4-3}$$

其次，选取适当的参数 a、b，可以使得 $Q(a,b)$ 达到最小。利用高等数学中的求极值的方法，求解可得

$$\left.\begin{aligned}\frac{\partial Q}{\partial a}&=-2\sum_{i=1}^{n}(y_i-a-bx_i)=0\\ \frac{\partial Q}{\partial b}&=-2\sum_{i=1}^{n}(y_i-a-bx_i)x_i=0\end{aligned}\right\}\tag{4-4}$$

得

$$\left.\begin{aligned}a'&=\frac{1}{n}\sum_{i=1}^{n}y_i-\frac{\hat{b}}{n}\sum_{i=1}^{n}x_i=\overline{y}-\hat{b}\overline{x}\\ b'&=\frac{n\sum_{i=1}^{n}x_iy_i-\left(\sum_{i=1}^{n}x_i\right)\left(\sum_{i=1}^{n}y_i\right)}{n\sum_{i=1}^{n}x_i^2-\sum_{i=1}^{n}x_i^2}=\frac{\sum_{i=1}^{n}(x_i-\overline{x})(y_i-\overline{y})}{\sum_{i=1}^{n}x_i-\overline{x}^2}\end{aligned}\right\}\tag{4-5}$$

其中

$$\overline{x}=\frac{1}{n}\sum_{i=1}^{n}x_i,\quad \overline{y}=\frac{1}{n}\sum_{i=1}^{n}y_i\tag{4-6}$$

根据以上计算得到的并不是 a、b 的真实值，而是 a、b 的估计值，所以应该用 a'、b' 分别代替 a、b。当求出 a，b 的估计值 a'、b'，便可以代入 y 对 x 的线性回归方程进行计算，即

$$y'=a'+b'x\tag{4-7}$$

2）多元线性回归法。在线性回归分析中，只有一个自变量时称为一元线性回归，有多组自变量时称为多元线性回归，一元线性回归是多元线性回归的特例。在实际电力负荷预测中，负荷常受到多种因素（气温、降水、GDP 等）的影响，若将这些因素都考虑在内，则预测结果更能体现负荷的内在规律性，所以可以应用多元线性回归分析。与一元线性回归分析相比，它考虑了其他相关因素，其中自变量的个数依据考虑的因素而定。多元线性回归的方程为

$$y_i=b_0+b_1x_{i1}+b_2x_{i2}+\cdots+b_nx_{in}\tag{4-8}$$

给定 m 组观察值 $(y_i,x_{i1},x_{i2},\cdots,x_{in})(i=1,2,\cdots,m)$，代入式（4-8），就有 m 个方程。利用最小二乘法可以求出回归系数，从而确定回归方程，即可用来进行预测。

3）非线性回归法。回归预测模型中，如果自变量和因变量之间都存在着线性关系，就可以建立线性回归预测模型来解决预测问题。但是在实际预测过程中，自变量和因变量之间存在的相互关系的表现形式很有可能是非线性的，对于这些非线性模型，一般都是通过适当的变量代换，将非线性相关关系的问题转化为线性相关关系的问题来处理。所以在回归方程的求解时，掌握了线性回归方程的求解就能求解非线性回归方程。

曲线函数的标准方程为

$$\frac{1}{y}=a+\frac{b}{x}\tag{4-9}$$

作变量代换 $u=1/x$、$v=1/y$，这样双曲线方程就变为直线方程，即

$$v=a+bu\tag{4-10}$$

利用观测值 (x_i,y_i)，按 $u_i=1/x_i$、$v_i=1/y_i$ 可以计算出 (u_i,v_i) $(i=1,2,\cdots,n)$。因此对于 u 和 v 就可以计算出参数估计值 a'、b'，可得

$$\frac{1}{y'}=a'+\frac{b'}{x} \tag{4-11}$$

幂函数曲线的标准方程为

$$y=ax^{b} \quad (a>0,x>0) \tag{4-12}$$

先将函数表达式两端取自然对数得

$$\ln y=\ln a+b\ln x \tag{4-13}$$

再作变换，令 $u=\ln x$、$v=\ln y$，并记 $A=\ln a$，则幂函数曲线方程就变为直线方程，即

$$v=A+bu \tag{4-14}$$

利用观测值 (x_i,y_i) 可以计算出 (u_i,v_i) $(i=1,2,\cdots,n)$。对于 u 和 v 就可以计算出参数估计值 A'、b'，又有 $a'=eA'$，因此可得

$$y'=a'x^{b'} \tag{4-15}$$

倒指数函数曲线的标准方程为

$$y=a\mathrm{e}^{\frac{b}{x}} \quad (a>0) \tag{4-16}$$

先将函数表达式两端取自然对数得

$$\ln y=\ln a+\frac{b}{x} \tag{4-17}$$

再作变换，令 $u=1/x$、$v=\ln y$，并记 $A=\ln a$，则倒指数函数曲线方程就变为直线方程，即

$$v=A+bu \tag{4-18}$$

利用观测值 (x_i,y_i) 可以计算出 (u_i,v_i) $(i=1,2,\cdots,n)$。对于 u 和 v 就可以计算出参数估计值 A'、b'，又有 $a'=eA'$，因此可得

$$y'=a'\mathrm{e}^{\frac{b'}{x}} \tag{4-19}$$

(2) 人工神经网络预测法。人工神经网络中最常采用的是BP神经网络，结构如图4.13所示。

BP神经网络隐含层和输出层神经元一般都采用S函数，即

$$f(x)=\frac{1}{1+\mathrm{e}^{-x}} \tag{4-20}$$

假设输入层有d个输入，隐含层有q个神经元，1个输出，输入层和隐含层之间的权重为v_{ih}，隐含层和输出层之间的权重为w，输出层的阈值为θ，隐含层的阈值为γ。第j个输出神经元的输入为$\beta_j=\sum_{h=1}^{q}w_{hj}b_h$，第$h$个隐含层神经元的输入为$\alpha_h=\sum_{i=1}^{d}v_{ih}x_i$。

在BP神经网络中，计算是从左到右计算，只有误差会随着网络逆向传播用于修正权值与阈值，具体步骤如下：

1) 设置变量和参量。

设输入值为

$$X_k=[x_{k1},x_{k2},x_{k3},\cdots,x_{kd}] \quad (k=1,2,\cdots,N)$$

N为训练样本的个数。

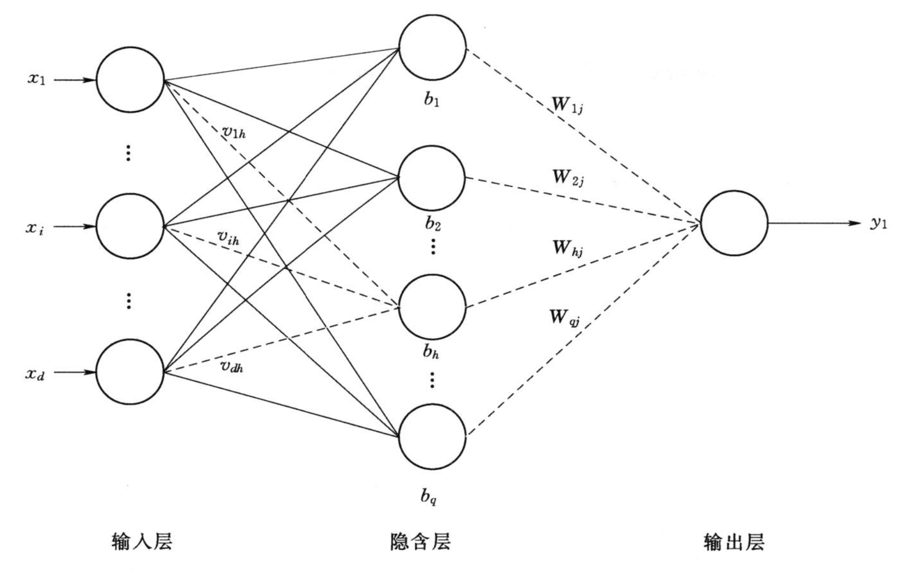

图 4.13　BP 神经网络结构图

设期望输出

$$y_k=[y_{ki}]\quad (k=1,2,\cdots,N)$$

在（0,1）的范围内随机初始化所有连接权值和阈值。

2）根据当前参数计算当前样本的输出$\overline{y}_j^k$，即

$$\overline{y}_j^k=f\quad(\beta_j-\theta_j)\tag{4-21}$$

3）根据式（4-21），计算损失函数，得

$$E_k=\frac{1}{2}\sum_{j=1}^{l}(\overline{y}_j^k-y_j^k)^2\tag{4-22}$$

4）根据式（4-22），计算出神经元的梯度项 g_j 为

$$\begin{aligned}g_j&=-\frac{\partial E_k}{\partial \overline{y}_j^k}\frac{\partial \overline{y}_j^k}{\partial \beta_j}\\&=-(\overline{y}_j^k-\overline{y}_j^k)f'(\beta_j-\theta_j)\\&=\overline{y}_j^k(1-\overline{y}_j^k)(y_j^k-\overline{y}_j^k)\end{aligned}\tag{4-23}$$

根据式（4-22）计算神经元的梯度项 e_h 为

$$\begin{aligned}e_h&=-\frac{\partial E_k}{\partial b_h}\frac{\partial b_h}{\partial \alpha_h}\\&=-\sum_{j=1}^{l}\frac{\partial E_k}{\partial \beta_j}\frac{\partial \beta_j}{\partial b_h}f'(\alpha_h-\gamma_h)\\&=\sum_{j=1}^{l}w_{hj}g_jf'(\alpha_h-\gamma_h)\\&=b_h(1-b_h)\sum_{j=1}^{l}w_{hj}g_j\end{aligned}\tag{4-24}$$

根据式（4-23）和式（4-24），更新连接权值与阈值，即

$$\left.\begin{aligned}\Delta w_{hj}&=\eta g_j b_h\\\Delta\theta_j&=-\eta g_j\\\Delta v_{ih}&=\eta e_h x_i\\\Delta\gamma_h&=-\eta e_h\end{aligned}\right\}\tag{4-25}$$

直到均方误差小于到一定精度时候，学习结束。

学习结束后，得到一个连接权值和阈值确定的多层前馈神经网络模型，并用它来进行负荷预测。

(3) SVW法。SVM在结构上有与神经网络极其相似的结构，如图4.14所示。

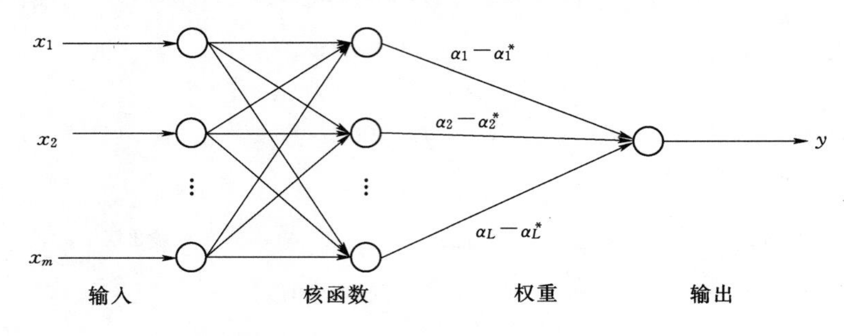

图4.14 SVM结构图

SVM相当于具有一个隐含层的三层神经网络，它的输入与神经网络的输入相对应，SVM中的支持向量对应于隐含层，隐含节点数相当于支持向量的个数L，它的网络权重为$\alpha_i-\alpha_i^*$（α_i和α_i^*是SVM，为了计算方便引用的拉格朗日乘子），输入层实现x到核函数$K(x_i,x_j)$的非线性映射，核函数为

$$K(x_i,x_j)=\exp\left(-\frac{\| x_i-x_j \|}{\sigma^2}\right)\tag{4-26}$$

即通过核函数把输入映射到线性的特征空间，实现非线性映射。输出层实现核函数$K(x_i,x_j)$到y的线性映射，即

$$f(x)=\sum_{i=1}^{l}(\alpha_i^*-\alpha_i)K(x_i,x_j)+b\tag{4-27}$$

利用SVM进行负荷预测的步骤为：

1）对历史数据进行预处理和归一化处理。

2）建立预测样本，形成训练样本集和测试样本集。

3）根据训练样本建立SVM回归目标函数，即

$$\min F(\alpha,\alpha^*)=\frac{1}{2}\sum_{i,j=1}^{l}(\alpha_i^*-\alpha_i)(\alpha_j^*-\alpha_j)K(x_i,x_j)+\varepsilon\sum_{i=1}^{l}(\alpha_i^*+\alpha_i)-\sum_{i=1}^{l}y_i(\alpha_i^*-\alpha_i)\tag{4-28}$$

其中
$$\text{s.t}\sum_{i=1}^{l}(\alpha_i^*-\alpha_i)=0$$
$$0\leqslant\alpha_i^*,\quad\alpha_i\leqslant C\quad(i=1,2,\cdots,l)$$

式中　l——训练样本数；

ε——松弛系数，取 0.1；

C——系数，取 1；

$x_i(i=1,2,\cdots,l)$——第 i 个训练样本的输入；

$y_i(i=1,2,\cdots,l)$——第 i 个训练样本的输出。

最小化目标函数用 LIMSVM 来求解 α_i 和 α_i^*，得到最优解 $\overline{\alpha}=(\overline{\alpha_1},\overline{\alpha_1^*},\cdots,\overline{\alpha_i},\overline{\alpha_i^*})^{\mathrm{T}}$。

4）确定决策回归函数，将 $\overline{\alpha}=(\overline{\alpha_1},\overline{\alpha_1^*},\cdots,\overline{\alpha_i},\overline{\alpha_i^*})^{\mathrm{T}}$ 代入可得

$$f(x)=\sum_{i=1}^{l}(\overline{\alpha_i^*}-\overline{\alpha_i})K(x_i,x)+\overline{b} \tag{4-29}$$

其中

$$\overline{b}=y_j-\sum_{i=1}^{l}(\overline{\alpha_i^*}-\overline{\alpha_i})K(x_i,x)+\varepsilon,\quad \forall\ \overline{\alpha_j}\in(0,C) \tag{4-30}$$

5）利用预测样本及第 4）步得到的决策回归方程对未来某一时刻的负荷进行预测。

3. 负荷预测模型

虽然负荷预测的方法有多种，但是预测步骤是一样的，都有进行构建预测样本、选择预测方法、预测结果分析几个部分，如图 4.15 所示。

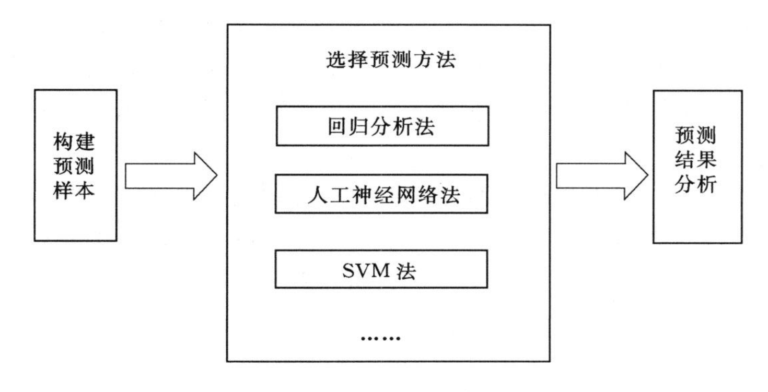

图 4.15　负荷预测模型

（1）构建预测样本。选择不同的预测方法，需要构建的预测样本是不同，但是都需要将电力用户的时间序列的历史负荷数据进行分析、汇总和预处理，根据不同预测方法的需要，有时候还有必要进行归一化处理，例如选用人工神经网络法时，要求输入样本的值为 0～1。

任何负荷预测都是基于原始数据的，原始数据因为采集误差等原因会使数据中存在一些异常数据，这些异常数据的存在给正常数据带来较大的干扰，并影响预测精度，异常数据过大甚至会误导预测结果。所以在预测前首先针对原始的各种不真实的数据进行预处理，力求将各种异常数据排除在预测过程之外。

对异常数据进行预处理就是对历史资料中的异常值的平稳化以及缺失数据的补遗，针对异常数据，主要采用水平处理、垂直处理方法。数据的水平处理是在进行分析数据时，将前后两个采样时刻的负荷数据作为基准，设定待处理数据的最大变动范围，当待处理数据超过这个范围，就视为异常数据，采用平均值的方法平稳其变化；数据的垂直处理是认为不同日期的同一时刻的负荷应该具有相似性，同时刻的负荷值应维持在一定的范围内，对于超出范围的不良数据修正为待处理数据的最近几天该时刻的负荷平均值。

水平处理：当 $y_i(t)>\varepsilon_1$ 时，可得

$$y_i(t)=\frac{1}{2}[y_i(t-1)+y_i(t+1)] \tag{4-31}$$

垂直处理：当 $y_i(t)>\varepsilon_2$ 时，可得

$$y_i(t)=\frac{1}{n}\sum y_j(t) \tag{4-32}$$

式中 $y_i(t)$——第 i 天第 t 小时的负荷；

$y_j(t)$——第 j 天第 t 小时的负荷；

i、j——j 取值是以 i 为中心的前 $n/2$ 天和后 $n/2$ 天。

（2）选择预测方法。根据单个的预测算法构建需要的预测样本，然后调用对应的预测算法进行预测。负荷预测是制订需求侧管理的重要基础条件之一，通过负荷预测才能估计出实施需求侧管理的供应方资源。需求侧管理中的负荷预测不但要对实施区域内的整体负荷情况进行预测，还必须对参与需求侧管理实施的不同用户进行负荷预测。相同行业用户由于生产工艺、生产流程相似，相应的负荷变化特性也具有相似性，所以可以简化为对不同行业电力用户进行典型性的用电负荷预测。

对整体负荷进行预测和对不同行业用户进行预测可以使用相同的预测模型，区别在于输入的样本数据不同：如果是对全供电区域进行整体负荷预测，必然选取全区的历史负荷数据进行样本构建；如果对某个行业进行负荷预测，输入则只选用该行业的历史负荷数据进行样本构建。

（3）预测结果分析。完成负荷预测后，需要对不同预测方法求得的多个预测结果进行分析、检验，才能从中选取精度高的最优预测结果。可以采用标准差（均方根误差）或是平均绝对偏差（平均绝对百分误差）作为检验标准来进行检验评估。

标准为

$$\sigma=\sqrt{\frac{1}{n}\sum_{i=1}^{n}(y_i-y_i')^2} \tag{4-33}$$

平均绝对偏差为

$$\mathrm{MAPE}=\frac{1}{n}\sum_{i=1}^{n}\left|\frac{y_i-y_i'}{y_i}\right| \tag{4-34}$$

式中 n——历史负荷数据的个数；

y_i'——第 i 个预测值；

y_i——第 i 个实际值。

根据标准差或平均绝对偏差的大小，可以判断出预测方法的好坏，可以选取检验值最小的预测结果作为最优结果。

4.4.1.2 贵州省某地区供电公司需求侧管理实施对象负荷预测分析

针对四类不同的负荷特征（日最大负荷、日供电量、行业日负荷、骨干大用户负荷），根据该地区供电公司的各类历史负荷数据，采用负荷预测模型，采用标准差方法进行检验，选取其中最优预测结果，预测日最大负荷、日供电量、行业日负荷及骨干大用户日最大负荷，如图 4.16～图 4.19 所示，其中在进行日最大负荷和日供电量预测时，还细化为

对该地区供电公司下属的不同分公司的日最大负荷和日供电量进行预测；在进行行业日负荷预测时，还细化为对行业最大负荷、最小负荷和行业平均负荷的预测。

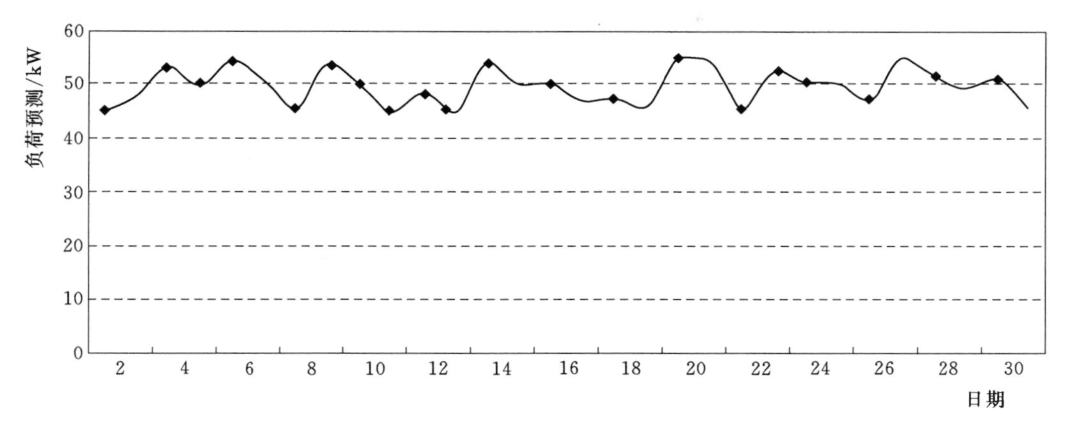

图 4.16　地区电网下属分公司日最大负荷预测结果（2017 年 10 月）

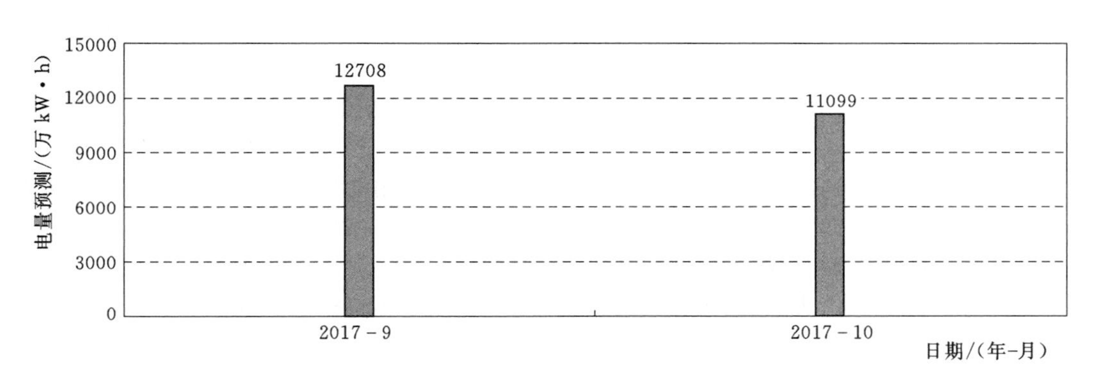

图 4.17　地区电网下属分局日供电量预测结果

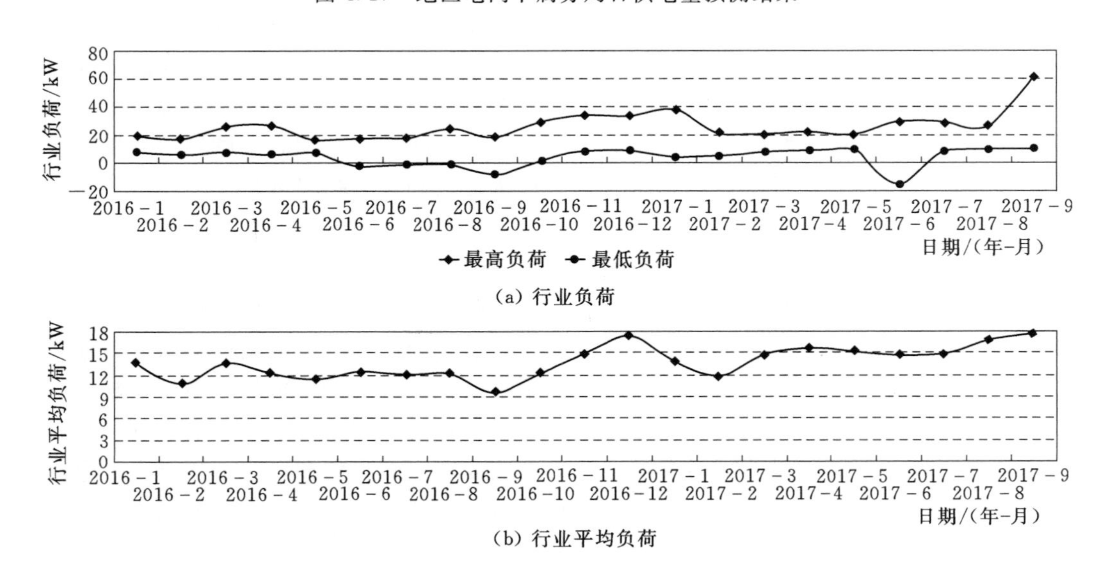

图 4.18　采矿行业日负荷预测结果

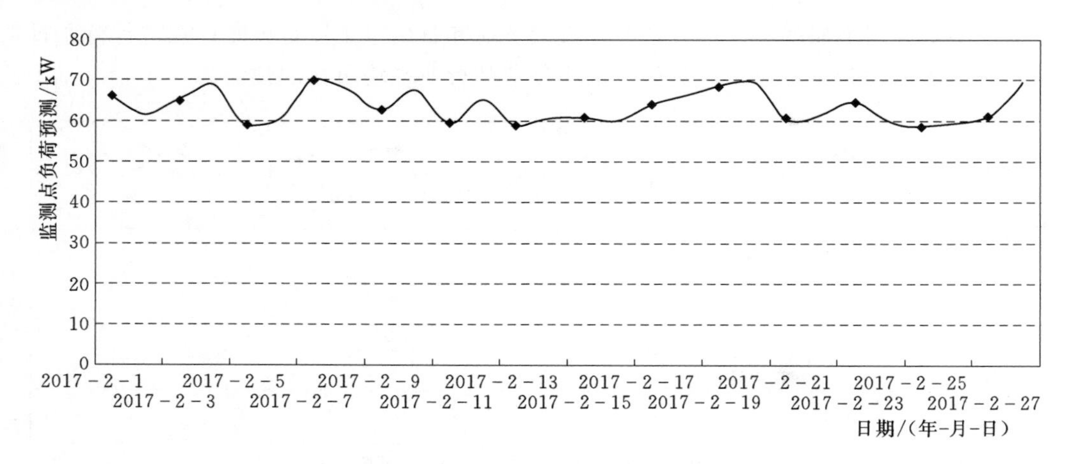

图 4.19　骨干大用户日负荷预测结果

4.4.2　实施用户聚类模型

4.4.2.1　基于需求侧管理的实施用户聚类模型

需求侧资源是由不同类型的电力用户组成的，不同类型的电力用户的用电负荷特性、发展规律、对电能质量的要求、对需求侧经济刺激手段的敏感程度都存在差异。所以在需求侧管理中，需要在实施区域内针对不同用电需求、不同用电特性及行为的电力用户采用不同的需求侧管理实施方案。这种差别化的服务是要建立在用户不同需求的基础上，而对用户不同需求的分析则是建立在用户聚类的基础上。

用户聚类是要在电力企业收集和整理电力用户的用电相关信息的基础上，根据用户的用电特性、用电要求等方面的差异，将用户划分成若干个用户群的聚类过程。每一个聚类群中的电力用户不一定是完全一样的，但是都应该是在某一方面或是某几方面具有类似的共同点，分属不同聚类群中的电力用户应该具有明显的差异性，没有差异性的用户是没有必要进行聚类分析的。对实施需求侧管理的用户进行聚类的目的是要与选择实施的目标相匹配，尤其是要从海量的用户用电信息中选择出相关的样本数据集，利用合适的聚类算法挖掘出存在的自然子类的特定属性作为实施需求侧管理的不同类型方案的判定依据。概括来说，这一过程主要包括样本数据选择、聚类算法选定和聚类结果分析 3 个步骤。

1. 样本数据选择

关于电力用户的信息多种多样，数据的选择与采集是需求侧管理实施难度很大的一项基础性工作，需要以最少量为原则采集那些必不可缺的数据。一般来说，用户的用电信息主要包括用户的属性类信息和计量类信息，属性类信息如用户的供电电压等级、行业类别用电性质等离散型变量，计量类信息如用户的用电量、最大负荷、电流、电压、功率因数等连续型变量。这些信息可以分别从电力企业的营销系统、调度自动化系统、计量自动化系统中获得。在进行需求侧管理时，最主要的是改变用户的电量和电力，所以在进行用户聚类计算时主要考虑输入的样本数据就是用户电量信息和电力信息，对主要是表征用户基本属性的离散型变量，可以考虑在聚类结果分析中进行刻画时使用，在具体的聚类算法中就不引入，避免对聚类结果产生引导作用，弱化了重要信息的差异化区别。

在进行需求侧管理的用户聚类时，用户电量和电力的波动是进行聚类的基本计算数据，除了在各种系统中直接采集到的相关数据外，还可以增加一些在基础数据上稍作计算后得到的计算数据，基于需求侧管理的用户聚类输入样本数据可以考虑包含如下类型：

（1）同比去年电量波动率。

（2）环比上月电量波动率。

（3）典型日峰用电占比。

（4）典型日谷用电占比。

（5）典型日平用电占比。

（6）负荷率。

（7）季节用电占比。

电量的波动情况主要反映电力用户的生产、生活用电的稳定性和可靠性；各时段的用电占比和负荷率可以反映出用户负荷曲线的波动情况；季节用电占比则反映用户的用电特性是否与季节变化相关。

2. 聚类算法选定

聚类算法有多种，最为著名和常用的是 K－means 算法，它在算法运行前先确定了聚类的数量，随机选取各聚类中心，再根据欧式距离将每个点分配到最接近其均值的聚类中，然后再计算被分配到每个聚类的点的均值向量，并作为新的中心进行递归，直到聚类中的点不再发生变化为止。具体算法如下：

（1）数据标准化。对聚类的各个样本数据进行数据标准化处理，以消除量纲不同带来的计算影响。

在对样本数据变量进行处理时，如果每一个数据使用的都是统一的量纲单位，就可以容易地进行聚类计算，但往往在进行聚类计算时，不一定都使用统一的量纲单位，如果直接计算，公式就是没有意义的，为了使公式有效，有必要对具有不同量纲单位的样本数据进行数据标准化处理，以消除标度的影响。数据标准化处理的计算公式为

$$x_i'=\frac{x_i-\overline{x}}{\sigma} \tag{4-35}$$

式中 x_i'——标准化后的样本数据；

x_i——样本数据；

$\overline{x}$——样本数据的平均值；

σ——样本数据的标准差。

（2）数据干扰项处理。对标准化后聚类的各个样本数据边界进行过滤以消除干扰。根据统计学原理，约 99.7%数值分布在距离平均值 3 个标准差之内的范围内，如图 4.20 所示。所以标准化后的数据如果分布在 3σ 之外，就可考虑滤除掉，以免给后续计算带来干扰，滤除掉的数据可以考虑用边界值代替。

（3）K－means 聚类。在每个聚类集中选取一个聚类中心点，分别计算每个点到聚类中心的欧式距离，并将每个点分配到最接近其聚类中心的聚类集中，然后计算被分配到每个聚类的点的均值向量作为新的中心点。

欧式距离公式为

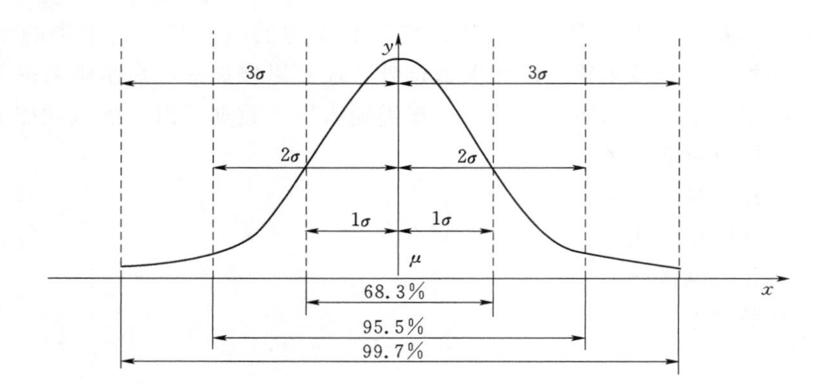

图 4.20　正态分布曲线图

$$d(x_i,x_j)=\sqrt{\sum_{k=1}^{d}(x_{ik}-x_{jk})^2} \tag{4-36}$$

（4）重复步骤（3）直至聚类不再发生变化为止。

由此可见，K-means 算法中聚类数量是预先确定了的，而在进行需求侧管理方案的设计时，往往是多种方案需要选取不同的实施对象，方案的个数也是预先确定好了的，所以是选用 K-means 的典型情况。同时，在进行聚类计算时需要预先确定每个聚类的中心点，可以充分利用运行人员的实际经验，事先有针对性地将典型用户设置为聚类中心点，这样在进行聚类计算时，收敛速度会大大加快，聚类集就会有针对性地更紧凑。所以在进行需求侧管理用户聚类计算时选择 K-means 聚类算法能发挥它的最大优点。

3. 聚类结果分析

通过对电力用户的聚类计算后，可以得到既定 K 个用户聚类集，同一聚类集中的用户之间相似性大，不同聚类集中的用户之间相似性较小。具体来说，相同聚类集中的用户电力电量变化应该具有相似的变化规律，就应该符合特定的需求侧管理实施方案。

4.4.2.2　贵州省某地区供电公司需求侧管理实施用户聚类分析

根据对该地区供电公司需求侧管理实施资源的分析可知，无论是用电占比还是未来地区供电公司电力市场的实施重点来看，大工业用户是实施需求侧管理的重点，以该地区供电公司大工业用户为例对用户进行聚类计算分析。

1. 样本数据选择

对该地区供电公司大工业用户进行统计，选取其中生产状况连续、稳定，受电容量大于 10MVA 的大工业用户进行聚类分析，见表 4.8。

表 4.8　　地区供电公司大工业用户统计

行业类别	用户数	行业类别	用户数
化工	3	铁路	3
建材	7	矿业	4

采集这些大工业用户最近两年的月用电量数据，分别计算出近一年中每月的同比电量波动率及环比上月电量波动率；根据近两年的月用电量还可以计算每个季节的用电占比；

采集每个用户正常生产时的典型日负荷数据，分别计算典型日负荷率（平均负荷/最大负荷）、典型日峰用电占比（峰时段电量/总电量）、谷用电占比（谷时段电量/总电量）、平用电占比（平时段电量/总电量）。

2. 聚类算法选定

采用聚类算法中的 K-means 算法对该地区供电公司大工业用户进行聚类计算。进行计算时，将用户分为 3 个聚类群，这是因为对该地区供电公司拟定实施的需求侧管理方案初步设计为 3 个，希望通过用户的聚类分析将不同用户与设计需求侧管理方案相匹配。

在利用 K-means 算法进行计算之前，同样需要对所有输入样本数据进行标准化处理、数据干扰项处理，样本预处理完毕后再带入到 K-means 的递归计算中，最终得出聚类结果。

3. 聚类结果分析

利用 K-means 算法对所选定的 17 个大工业用户进行聚类计算，结果分为 3 大类，结果见表 4.9。

表 4.9　地区供电公司大工业用户聚类统计

类别	类别 1		类别 2			类别 3
行业类别	化工	建材	化工	矿业	建材	铁路
用户数	1	6	2	4	1	3
合计	7		7			3

从表 4.9 可见，选定的大工业用户在进行聚类时，和工业用户所属的行业类别密切相关，大多数建材用户属于类别 1，矿业用户都属于类别 2，铁路用户都属于类别 3。化工用户分属于类别 1 和类别 2，对上述分类进行分析如下：

（1）类别 1 主要是以生产水泥为主的建材行业为主，根据行业用电特性分析可知，建材行业的日用电负荷相对平稳，但是在交接班时还是会小幅波动，负荷曲线变化有峰、谷时段特征。根据对输入样本数据的挖掘可知，建材行业的负荷波动相对较小，但是电量变化较化工和矿业行业的用户要大，用电量有明显波动性的原因主要是这些所选建材行业的用户受电容量与其他用户相比要小，对市场的敏感度要高，生产设备的投入运行是根据市场需求而变化的，从而导致生产用电量的不稳定。类别 1 中除了建材行业的用户外还有 1 个化工行业的用户，这个用户的生产规模与化工行业的其他 2 家用户相比，受电容量要小得多，同理也存在生产用电量受市场需求影响大、电量波动性较大的特性，所以聚类计算结果中将其和大多数建材行业用户划分到一类。

（2）类别 2 包含了全部所选的 4 个矿业的、2 个化工用户及 1 个建材用户。根据行业用电特性分析可知，采矿业和化工行业的日生产用电总体水平变化最为平稳，但在生产过程中由于生产设备的用电特点，都会有负荷冲击，所以两者的负荷曲线在小范围、短时间内存在波动，两者的峰、谷差都不大。根据对输入样本数据的挖掘可知，采矿行业和化工行业的负荷波动是最小的。采矿行业的用户用电量也很稳定，化工行业中生产规模大、受电容量大的用户用电量对市场影响的波动性要明显小于小规模用户，所以规模大的 2 家化工用户与采矿行业的用户划为一类，电量波动较大的小规模用户划在了类别 1 中，而建材行业中规模最大的1个用户则划分在了类别2。

(3) 铁路用户主要是该地区供电公司所供区域内的铁路牵引变，根据行业用电特性分析可知，铁路牵引变负荷为冲击性负荷，具有功率变化速度快、变化频繁的特点，负荷曲线呈锯齿状，负荷升降速度快，间隔时间短。根据对输入样本数据的挖掘可知，铁路负荷变化波动性极强，无明显的峰、谷差，但是铁路负荷的用电量变化的波动性相对较小，负荷与电量变化的特性与其他类别的用电负荷有明显差异，所以在聚类计算的结果中单独为一类。

可以看出，通过聚类K-means算法对所选的17个大工业用户进行聚类分析，聚类划分的结果与不同类别大工业用户的负荷变化特性和用电量变化特性一致，能通过数据挖掘算法发现，总结出用户的用电特性，从而验证了聚类模型的有效性。

4.5 配电侧模型分析

需求侧管理方案在实施时，供应方需要采用经济措施来刺激需求方采取技术措施，以改变用电行为和用电模式，从而改变需求方的电力和电量需求。所以经济措施是需求管理在营销方面的重点，主要有电价鼓励、折让鼓励、借贷鼓励等方式。其中电价鼓励是对用户影响面最大、敏感性最强、最有效而且便于操作的一种刺激措施。一个好的电价鼓励手段既能激励电力用户主动参与需求侧管理方案的实施，又能激发电力企业实施需求侧管理的积极性。所以设计的需求侧管理方案主要是针对方案中的不同电价的制订进行设计，通过不同电价机制激发用户在削峰、填谷和移峰填谷方面的主动性。电力用户对不同电价机制产生响应就能体现出需求侧管理实施的有效性，因此还有必要对用户的响应进行研究。

4.5.1 实施对象匹配模型

多种有选择性电价机制的建立是刺激电力用户参与需求侧管理的内在动力，也是调节需求侧管理实施效益在电力企业和用户之间合理分配的一种经济手段。需求侧管理实施中常采用的电价机制有分时电价、可中断负荷电价、高可靠性电价、阶梯电价、季节性电价等。根据国内外已实施的需求侧管理经验，常采用的是分时电价、可中断负荷电价和高可靠性电价进行分析设计。

4.5.1.1 分时电价模型

分时电价是电力企业按照电力用户用电的不同时段制订不同的电价，在用电的高峰、低谷和平时段实行差异电价，激励用户合理安排好用电时间。

1. 分时电价时段划分

制订合理的分时电价是要以合理的峰、谷时段划分为基础的，选取分时电价的分段方式将直接影响分时时段的划分。不同的分段方式，产生的效果也不一样，一般来说，常采用的划分方式有两种：一种是对一天的用电时间只划分为峰、谷2个用电时段；另一种是对一天的用电时间划分为峰、谷、平3个用电时段。

将一天之中的用电时段只划分为峰、谷两个用电时段的划分方法操作简单，执行起来也方便。但是这种划分方式的缺点是划分过于简单，每一个用电时段的持续时间较长，负荷在同一用电时段中变化的随机性大，当峰、谷电价差过大时有可能出现负荷峰、谷倒置的现象。如果将用电时段划分为峰、谷、平3个用电时段，则与负荷变化更一致，划分也更客观，而且由于每个用电时段的持续时间不会过长，避免了负荷在一个用电时段内出现变化过大的情况，同时平段部可看作峰、谷部分的过渡，并且平时段部分采用稳定的基础电价，不易造成负荷的峰、谷倒置。但是这种划分方式的缺点是划分方式复杂，执行相对麻烦。

两种分时电价的时段划分方式都各有优、缺点，无论采用哪种划分方式，只要能客观反映出负荷曲线的变化特点都是合理的，但是要注意避免电力用户过度响应的产生，防止出现峰、谷倒置现象。

2. 分时电价制订的原则及优化模型

分时电价的实施要保证电力企业和电力用户从中受益或是不受损害，这是制订分时电价要遵循的最主要的原则之一。对于电力企业来说，实施分时电价后电网的收益是平衡的，这仅仅考虑的是电费收益的平衡，而实施后带来的电网建设投资减少则另外进行评估，不在分时电价测算时进行考虑。

如果将电力企业实施分时电价前、后电费的收益不变作为基础条件，可以推导出分时电价的结构模型为

$$k_1=\frac{p_f}{p_g}=\frac{1+\alpha_1}{1-\alpha_2} \tag{4-37}$$

$$k_2=\frac{Q_f}{Q-Q_f} \tag{4-38}$$

$$k_3=\frac{p_f}{p_p}=1+\alpha_1 \tag{4-39}$$

式中 k_1——峰、谷电价比；
k_2——峰、谷电量比；
k_3——峰平电价比；
p_f——实施分时电价后，高峰时段的电价；
p_g——实施分时电价后，低谷时段的电价；
p_p——实施分时电价后，平时段的电价；
Q——用户高峰时段和低谷时段用电量；
Q_f——用户高峰时段用电量；
α_1——高峰时段电价上浮比例；
α_2——低谷时段电价下浮比例。

其中，设实施分时电价时平时段的电价 p_p 为实施分时电价前的单一电度电价 p，根据电力企业收益平衡原则，则有实施分时电价前高峰和低谷时段的电费和 M 与实施分时电价后高峰和低谷时段的电费和 M_0 相等，即

$$M=M_0 \tag{4-40}$$

$$M=pQ \tag{4-41}$$

$$M_0=p_fQ_f+p_g(Q-Q_f)=p(1+\alpha_1)Q_f+p(1-\alpha_2)(Q-Q_f) \tag{4-42}$$

可推导得

$$pQ=p(1+\alpha_1)Q_{f+p}(1-\alpha_2)(Q-Q_f) \tag{4-43}$$

$$Q=(1+\alpha_1)Q_f+(1-\alpha_2)(Q-Q_f) \tag{4-44}$$

$$\frac{Q}{Q_f}=\frac{\alpha_1+\alpha_2}{\alpha_2} \tag{4-45}$$

又由 k_2 的定义可推导得

$$\frac{Q}{Q_f}=1+\frac{1}{k_2}=\frac{k_2+1}{k_2} \tag{4-46}$$

由 k_3 的定义可推导得

$$\alpha_1=k_3-1 \tag{4-47}$$

由 k_1 的定义可推导得

$$\alpha_2=\frac{k_1-k_3}{k_1} \tag{4-48}$$

带入式（4-45）、式（4-46）后可得

$$k_1=\frac{k_3}{1-k_2(k_3-1)} \tag{4-49}$$

根据式（4-49），可以绘出峰、谷分时电价调节曲线，如图4.17所示。

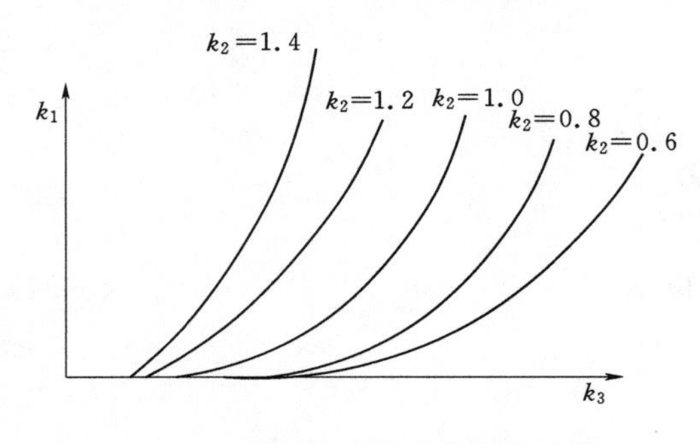

图4.21　峰、谷分时电价调节曲线

由图4.21可见：当峰、谷电量比 $k_2=1$ 时，用户的峰、谷电量比持平，理论上达到了削峰填谷的最理想状态；$k_2<1$ 时，用户的高峰电量小于低谷电量，理论上用户的收益就大；$k_2>1$ 时，用户的高峰电量大于低谷电量，理论上用户的收益就受损。这就促进了电力用户尽可能地降低 k_2，从而达到削峰填谷的目的。

式（4-49）是分时电价的结构模型，如果能确定出峰、谷电价比 k_1 和峰、谷电量比 k_2，根据推导出的式（4-49）就可以定出峰平电价比 k_3，也就可以得出峰时电价的上浮比例，最终由 k_1 和 k_3 得出谷时段电价的下浮比例。所以还需要先确定 k_1 和 k_2，而 k_1 和 k_2 由用户响应预测模型确定。k_1、k_2 和 k_3 计算出来后，就能求出分时电价峰、谷不同时段的定价上下浮动比例。

4.5.1.2 可中断负荷电价模型

可中断负荷的实施主要是解决电网在用电高峰时期，特别是尖峰时期的缺电问题，所以相应的实施方案设计应比较简单，以保证方案的操作简单、可行。

1. 可中断负荷方案的实施时间及中断方式

由于可中断负荷的实施就是为了解决电网高峰用电的缺电现象，所以方案的实施时间为每年的负荷用电高峰时期。总的来说，我国大多数地区年用电的高峰时期一般出现在冬季或夏季，不同地区可以根据本地区电网负荷的用电情况选择具体的实施时期。在实施期间负荷中断的时间为日负荷的高峰时段，而日负荷曲线一般会呈现两峰一谷的形状，即在早上11：00左右出现早高峰，在晚上19：00左右出现晚高峰，方案就可以选择在这个时

间段上进行负荷中断管理。

在进行负荷中断管理时，同时就要规定负荷中断的持续时间和中断负荷的提前通知时间。中断的持续时间过长，会给企业的生产造成较大的影响；中断的持续时间过短，削峰效果不明显。目前国内外现行的可中断负荷管理的中断持续时间一般为 2h、4h 和 8h 3 种。对于一些大型企业，特别是生产工艺具有连续性特点的企业，8h 的中断持续时间对企业的生产经营影响较大，所以应考虑采用不超过 4h 的中断方式，以减轻对企业的影响；同时，如果中断的时间过短，对解决电网高峰时段的缺电现象意义不大，所以建议每次负荷的中断时间不低于 2h，综合起来考虑，可中断负荷管理的每次中断持续时间应该是 2h 和 4h 比较可行。

由于我国的电力市场改革还处在进行中，电力市场还不完善，所以在改革的初期，中断方式的类型不宜太多，方式过多会使可中断负荷管理的实施变得复杂，不便于推行。参照其他国家电力市场初期的做法，还是建议采用较为简单的中断持续时间，见表 4.10。

表 4.10　可中断负荷实施方案的中断持续时间表

中断方式	中断类型	适用情况
每天中断 2h	早高峰 2h	电网高峰时段缺电，且负荷曲线的高峰时间段缺电的持续时间不超过 2h，同时负荷曲线的尖峰时段集中在早高峰时段
	晚高峰 2h	电网高峰时段缺电，且负荷曲线的高峰时间段缺电的持续时间不超过 2h，同时负荷曲线的尖峰时段集中在晚高峰时段
每天中断 4h	早高峰 4h	电网高峰时段缺电，且负荷曲线的高峰时间段缺电的持续时间不超过 4h，同时负荷曲线的尖峰时段集中在早高峰时段
	晚高峰 4h	电网高峰时段缺电，且负荷曲线的高峰时间段缺电的持续时间不超过 4h，同时负荷曲线的尖峰时段集中在晚高峰时段
	早、晚高峰各 2h	电网高峰时段缺电，且负荷曲线的高峰时间段缺电的持续时间不超过 4h，同时负荷曲线的早高峰和晚高峰时段的负荷值相当

除了中断持续时间外，还要对中断负荷进行提前通知，理论上讲，提前通知的时间越长，用户进行生产和经营用电的调整时间就越长，准备也就越充分，缺电损失也就越小，对其进行补偿的费用也就越小；反之，提前通知的时间越短，用户的缺电损失就越大，补偿费用也要相应增大。根据国内外实施可中断负荷管理的经验，一般来说，如果该地区的电力供需形势极为紧张，可以采用随时通知停电和当日通知停电的方式；如果该地区的电力供需形势较为紧张，就可以采用提前一天通知停电的方式。

2. 可中断负荷方案的实施目标

可中断负荷实施目标就是要解决用电尖峰时段的削峰问题，以缓解电力供需矛盾，有计划、有针对性地中断负荷就是一种较为简便和有效的解决电力供需不足而造成负荷缺口的方式。根据国内外实施可中断负荷的经验，确定可中断负荷容量的大小一般有以下两种方式：

（1）根据地区电网用电高峰特别是尖峰时段的电力缺少额度来确定中断负荷容量的大小。该中断负荷的大小一般为缺少额度的某一比例，比例还要依据本地区电力负荷的总缺口、电力用户的中断潜力等实际情况来具体确定。根据国内已有的运行经验，可中断负荷解决缺电的比例可以考虑取缺电额的 15%～40%，但尽量不要高于 40%。如果比例设置过高，虽然在短时间内能解决高峰缺电的问题，但是从长期来看，必然会严重影响电力系统的售电量，反而会损害系统的经济利益。所以电力系统应该提前做好负荷预测工作，尽量掌握用电高峰时段的缺电情况，并结合其他需求侧管理手段，共同来进行负荷的调峰、避峰用电。

（2）另外一种确定可中断负荷容量大小的依据就是按照负荷的备用率来考虑，当系统的负荷备用率低于一定值时，就按比例来实施可中断负荷管理。根据我国电力系统规划设计的规程可知，我国电力系统在运行时，周波与负荷备用率一般采用系统最大负荷的2%～5%，其中大系统取小数，小系统取大数；事故备用率一般采用系统最大负荷的8%～10%。所以，当系统的负荷备用率低于一定值时，采用可中断负荷的管理方法不仅简单可行，而且与规划设计规程一致，很容易被接受。

3. 可中断负荷方案的补偿方式

理论上讲，对于可中断用户的补偿可以采用两种方式：一种是根据用户的中断电量给予 P 元/(kW·h) 的相应补偿数额；另一种是对参与可中断负荷管理的用户在中断执行期间内的电费给予相应的折扣。两种补偿标准的结算公式为

$$\text{实施用户的补偿金额}=P\times\sum(\text{用户每次中断的负荷量}\times\text{用户每次中断的时间})$$

$$\text{实施用户的电费折扣额}=\text{电价折扣率}\times\text{用户实施中断期间基本电费总额}$$

不论哪种方式，补偿标准都要根据可中断负荷的电力系统可免成本、中断用户的缺电损失、电价等因素综合考虑来确定。但是重点都要考虑方案实施的简便性，补偿标准的设计不宜过于复杂，这样才能使各方易于接受。对于可中断负荷实施方案建议采用第一种补偿形式，原因简述如下：

（1）根据可中断次数及时间来确定赔偿金额，有利于可中断负荷的实施双方，即电网公司和电力用户，能较为直观地确定自身的成本和收益，易于被双方接受。同时，这种结算方式简单，实施方便，具有较强的实用性和操作性。

（2）若采用电价折扣率形式的补偿方式，确定合理的电价折扣率所涉及的因素较多，包括用户的缺电损失等，而各地具有可中断负荷潜力的电力用户的用电特点不同，各种用户的缺电损失也不同，各地执行的电价标准也不同，所以很难提供一个统一的电价折扣率予以参考。而采用根据中断次数和中断时间来确定补偿金额的方式能将各种复杂的因素在一定程度上简单化，并且我国目前在其他省市已有初步的实施经验，可以起到参考作用。

（3）若采用根据用户中断电量进行补偿的方式，电网公司的成本支出就直接与负荷中断的次数和时间挂钩，这就有利于电网公司更加有效、合理地控制负荷的中断次数和时间，以减少经济损失。

基于上述理由，在可中断负荷短期实施方案中建议采用根据用户的中断电量来确定赔偿金额的补偿标准。

4. 可中断负荷电价制订的原则及优化模型

对可中断负荷合理的补偿金额是不易精确计算出来的，并且补偿金额也会随着电力用户中断的次数、持续时间的长短而有所不同，具体来说，在制订可中断负荷短期实施方案的电价补偿时应遵循以下原则：

（1）理论上电价的补偿金额应大于电力用户的实施费用。可中断电价补偿金额的制订

以电力用户停电的成本效益为基础。电力用户的用电成本即为中断电力供应后使用户的生产、生活等遭受的损失或带来的不便，了解电力用户的停电损失是实施可中断负荷管理的前提。实施可中断负荷管理后，用户得到的电价补偿金额应大于实施可中断负荷管理的费用，即为用户停电成本，可得

电价补偿金额>用户停电成本

由于可中断负荷短期实施方案的对象一般选取的是受电容量较大的大工业用户，所以在进行用户停电成本计算时可以考虑将这些工业用户因为中断电力供应而减少的产品产出带来的利润损失作为工业用户的停电成本。工业用户的停电成本不仅与用户中断的负荷量 x 有关，与用户的类型 T、用户生产的产品售价和利润也都有关。假设共有 n 个工业用户参与可中断负荷管理方案，每个用户中断的电量为 x_ikW·h，不同用户的单位产品能耗值为 T_ikW·h/t，不同工业产品的单位产品售价为 β_i 元/t，不同工业产品的单位产品利润率为 α_i，则工业用户的停电成本函数的具体计算为

$$C(x) = \sum_{i=1}^{n} C_i(x_i) = \sum_{i=1}^{n} \alpha_i \beta_i \frac{x_i}{T_i} \tag{4-50}$$

其中，实施可中断负荷管理总的中断电量为各工业用户的中断电量之和，即 $x = \sum_{i=1}^{n} x_i$。

任何电价方案的实施都要保持一定的稳定性，以避免电价的频繁变动对社会经济带来过大的影响，一般来说，电价的调整周期不低于一年，所以在可中断负荷管理的实施周期内，停电成本函数中的 T_i、α_i 和 β_i 可以看作固定不变的系数，停电成本函数就会随着中断负荷量 x_i 的增加而增大。

设电网公司对电力用户每中断 1kW·h 的电能给予 P 元的补偿，则用户中断电量的补偿与停电成本的差值就为电力用户的收益 $y(x, P)$。

$$y(x,P) = Px - C(x) = Px - \sum_{i=1}^{n} C_i(x_i) \tag{4-51}$$

当中断电量 x 一定时，收益函数只与补偿标准 P 有关，如果 $y(x, P)=0$，用户得到的电价补偿 Px 刚好能弥补用户的停电成本 $C(x)$，此时可以计算出用户可接受的最小电价补偿标准 P_1，当 $P > P_1$ 时，$Px > C(x)$，$y(x, P) > 0$，用户就能获得收益；反之，当 $P < P_1$ 时，$Px < C(x)$，$y(x, P) < 0$，中断供电就会有损用户利益；当 P 减至 0 时，即电网公司不对电力用户进行停电补偿时，用户将承担全部的停电成本 $C(x)$，收益 $y(x,P) = -C(x)$，由此，可以得到电力用户停电收益函数，如图 4.22 所示。

(2) 理论上电价的补偿金额应小于电力系统可免成本。可中断负荷方案的实施不仅会影响到电力用户，对整个电力系统的成本和效益也将产生影响。实施可中断负荷管理后，电力系统建设投资成本和相应的运行成本都会有减少；同时，同电力用户相反，由于实施了可中断负荷管理，电力系统的售电收入也会相应减少。所以总体来看，对用户的电价补偿金额要小于整个电力系统的可免成本，即为实施后电力系统的可免投资成本与可免运行成本之和扣除掉售电收益。

电价补偿金额<电力系统可免成本

电力系统可免成本=电力系统可免投资成本+电力系统可免运行成本-减少的售电收益

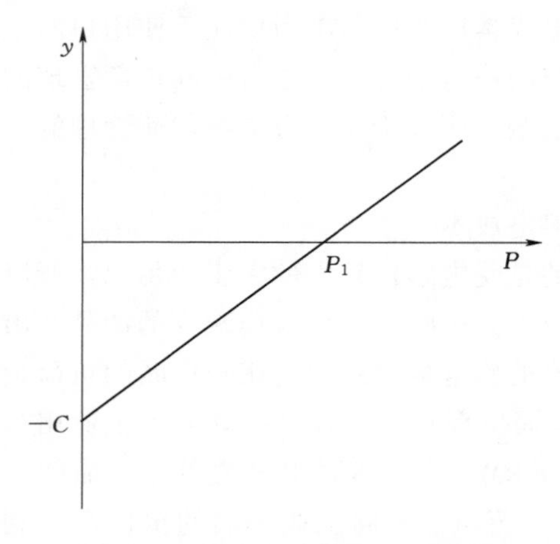

图 4.22 电力用户停电收益函数

1）电力系统可免投资成本。电力系统可免投资成本包含了电网可免投资成本和电源可免投资成本。由于实施了可中断负荷管理，电网的供电曲线在高峰时期可以实现负荷的避峰、削峰，根据高峰时期减少的负荷量就可以求出对应的可免变电容量和可免电源建设容量，再由变电容量的单位造价和电源容量的单位造价可以计算出电网的可免建设投资和电源的可免建设投资，再分别进行折现计算，计算出每年的电网可免投资成本和电源的可免投资成本，可以得到整个电力系统的可免投资成本，具体计算如下：

电网的可免投资成本计算公式为

$$S_1(M)=t_1kM(A/P,10\%,20) \quad (4-52)$$

式中 M——实施可中断负荷管理的中断负荷目标量；

k——根据电网规划设计原则规定的容载比取值，k 的取值应该为 1.8～2.1；

t_1——变电容量的单位造价，万元/MVA；

(A/P,10%,20)——折现系数，根据变压器的机械行业标准《电力变压器选用导则》(GB/T 17468—1998) 的规定，变压器的寿命一般考虑为 20 年，折现率可按 10%计。

电源的可免投资成本计算公式为

$$S_2(M)=t_2M(A/P,10\%,30) \quad (4-53)$$

式中 M——实施可中断负荷管理的中断负荷目标量；

t_2——单位电源的建设造价，如果考虑采用单位火电建设的造价，t_2取 5000 万元/MW；

(A/P,10%,30)——折现系数，根据《火电机组寿命评估技术导则》(DL/T 654—2009) 的规定，火电机组寿命按一般经验确定为 30 年，折现率按 10%计。

电力系统的可免投资成本为电网的可免投资成本与电源的可免投资成本之和，即

$$S(M)=S_1(M)+S_2(M) \quad (4-54)$$

2）电力系统的可免运行成本。实施可中断负荷管理后，电力系统不仅能减少建设投资，也能相应减少运行维护费用。

电网的可免运行成本计算公式为

$$Q_1(M)=at_1kM \quad (4-55)$$

对于电网来说，减少的运行成本是指可减少的年电网运行维护费用，其中，电网的运行维护费用包含修理费、职工薪酬以及其他费用。为了简化计算，由于实施可中断电价每年可减少的运行维护费按照可减少的变电投资原值乘以比例系数 a 确定。

电源的可免运行成本计算公式为

$$Q_2(M)=nM \quad (4-56)$$

对于电源来说，电源的可免运行成本可以根据微增单位负荷运行成本计算得到，其中，n 为电源的平均微增单位负荷运行成本，单位为元/MW。

电力系统的可免运行成本为电网的可免运行成本与电源的可免运行成本之和，即

$$Q(M)=Q_1(M)+Q_2(M) \tag{4-57}$$

3）电力系统减少的售电收益。由于实施了可中断负荷管理，高峰负荷会得到削减，这不仅会降低电力系统的建设投资和运行维护投资，同时也会使售电量减少，从而造成电力系统的收益受损，减少的售电收益为

$$R(x)=(d_1-d_2)x \tag{4-58}$$

式中　x——中断的电量，kW·h；

d_1——对用户的单位销售电价，元/(kW·h)；

d_2——电源侧的单位发电成本电价，元/(kW·h)。

4）设电网公司对电力用户每中断 1kW·h 的电能给予 P 元的补偿，则电力系统的可免成本与电网公司对用户中断电量的补偿之差为电力系统的收益 $y(M, x, P)$，即

$$y(M,x,P)=S(M)+Q(M)-R(x)-Px \tag{4-59}$$

在进行可中断负荷管理时，电网公司与参与的电力用户将事先确定中断负荷量 M 和负荷中断的时间、次数等，即在实施可中断负荷的一个周期中，中断负荷量 M 与中断电量 x 一定，则电力系统的收益函数就只与补偿标准 P 有关，如果 $y(M, x, P)=0$，电网公司对用户付出的电价补偿 Px 刚好等于电力系统的可免成本 $S(M)+Q(M)-R(x)$，此时可以计算出电力系统可接受的最大电价补偿标准 P_2，当 $P>P_2$ 时，$Px>S(M)+Q(M)-R(x)$，$y(M, x, P)<0$，实施可中断负荷管理就有损电力系统整体利益；反之，当 $P<P_2$ 时，$Px<S(M)+Q(M)-R(x)$，$y(M, x, P)>0$，电力系统就能获得收益；当 P 减至 0 时，即电网公司不对电力用户进行停电补偿时，电力系统将获得最大的收益，收益就为电力系统的可免成本 $y(M, x, P)=S(M)+Q(M)-R(x)$，由此，可以得到电力系统的收益函数，如图 4.23 所示。

（3）理论电价补偿金额的确定。可中断电价的补偿金额应尽量平衡电力用户和电力系统的利益，根据上述分析，绘出实施可中断负荷管理后电力系统与电力用户的收益曲线，两个曲线的相交点就可以作为实施可中断电价的补偿标准，电价补偿金额确定如图 4.24 所示。

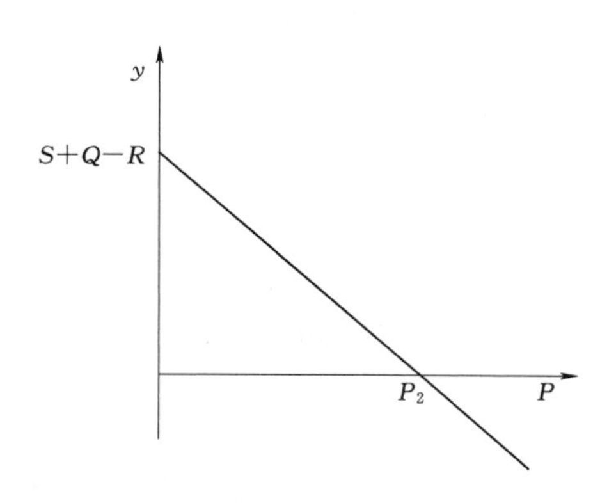

图 4.23　电力系统的收益函数

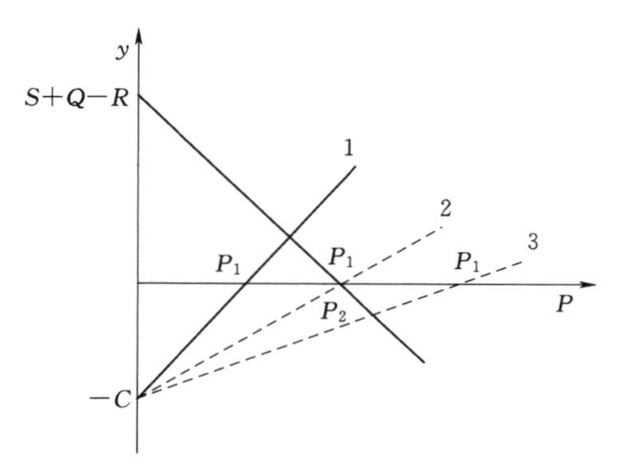

图 4.24　电价补偿金额确定

从图4.20可见，共有以下3种相交可能：

1）在曲线1情况下，$P_1<P_2$，电力系统的收益曲线与电力用户的收益曲线相交点在用户可接受的最小电价补偿标准P_1与电力系统的可接受的最大电价补偿标准P_2之间，此时，可中断电价的补偿标准能最好地平衡电力用户和电力系统的利益，最能被实施双方接受。

2）在曲线2情况下，$P_1=P_2$，电力系统的收益曲线与电力用户的收益曲线相交点正好在用户可接受的最小电价补偿标准P_1与电力系统的可接受的最大电价补偿标准P_2上，此时，可中断电价的补偿标准处于参与实施各方接受的临界状态。

3）在曲线3情况下，$P_1>P_2$，电力系统的收益曲线与电力用户的收益曲线相交点将大于电力系统的可接受的最大电价补偿标准P_2，小于用户可接受的最小电价补偿标准P_1，可中断电价的补偿标准将不被实施各方接受，此时，不宜实施可中断负荷管理。

不同地区电力用户的用电特性和电源、电网的建设成本，以及电力系统的运行成本都有所不同，根据各地区的实际情况，在遵循上述原则进行具体计算时，各方收益曲线的截距和斜率不同，但是只有相交点在情况1的条件下，才能保证可中断负荷方案实施的可行性。

5. 可中断负荷激励机制

可中断负荷的实施效益是巨大的，电力系统能获得效益，电力用户能得到电价补偿，全社会的资源能得到节约和优化。但是电力系统整体在获得效益的同时，电源侧和电网侧得到的收益各自却是不一样的，实施可中断负荷管理可直接带来电源侧发电机组建设的减少或延缓，这个收益远远大于电网侧获得的收益。而在整个可中断负荷管理的实施过程中，电力企业公司起到的是主导地位，如果电力企业公司无法获得一定的收益，就会缺乏开展实施可中断负荷管理的积极性，这就会影响可中断负荷管理的实施效果，甚至会阻碍其实施和推广。因此，有必要解决实施可中断负荷的资金来源，建立激励机制，这是实施可中断负荷管理和推广执行的关键所在。

实施可中断负荷管理，就要对中断用户进行电价补偿，其实施就会存在一个成本投入的问题，也就要解决资金来源的问题。我国的可中断负荷实施较晚，都还处在试点阶段，相关的政策和措施都不完善，在此条件下，可以考虑从电价中提取资金，作为一个解决资金来源的可行途径，这也是将社会得到的效益返还给电网公司的一个合理方法。电力企业公司除了可以用提取出来的资金对中断用户进行电价补偿外，还应该享有一定的奖励，即根据其参与实施的作用分享一定的实施效益。

在电价中提取的资金不仅仅作为实施可中断负荷的资金来源，还应该作为实施其他需求侧管理措施的资金来源，所以提取的资金可以作为需求侧管理基金。根据我国目前的实际情况，如果从电价中提取资金，主要有以下方式：

（1）从销售电价中提取。这种方式体现了社会与电力企业公司之间利益的重新分配，但是销售电价的波动可能会带来一定的社会影响。

（2）从销售电价的城市公共事业附加费中提取。现行的销售电价都包含政府财政的公共事业附加费，如果能从中分配一定比例用于实施可中断负荷等需求侧管理措施，也是把社会利益通过政府的媒介返还电力企业公司用于电力发展的一个合理方式，但是，这需要政府的大力支持才能有可操作性。

(3) 从上网电价中提取。这种方式体现了将电力系统获得的收益在电源侧和电网侧进行重新分配，即发电公司将实施可中断负荷等需求侧管理措施得到的效益返还一定比例给电力公司，这个方式可以避免销售电价的波动带来的社会影响，但是可能会招致发电公司的抵制。

(4) 从销售电价和上网电价中同时按一定比例提取。这种方式最为合理，体现了各参与主体之间利益的合理再分配，但是操作起来涉及面广，实施较为复杂。并且这个比例的合理性还需要进行科学论证，才能被各方接受。

可见，这 4 种方式都各有优缺点，但是无论采用何种方式，本质上都是从电价中进行提取，只是来源途径不一样。需要根据实际情况和实际可行条件选择可行的方式。

4.5.1.3 高可靠性电价模型

电网的供电可靠性是指电网向电力用户提供质量合格、供应连续电能的能力，电网要提高供电可靠性，减少停电给电力用户带来的损失，就必须要增加电力系统的备用容量和备用线路，所以电网的可靠性越高，用户受到的停电损失越少，但供电企业的供电成本也就越高，用户也应该承担相应的成本费用，电价就相应高一些；反之，电网的可靠性越低，供电企业的供电成本就越低，用户承担的成本费就越少，电价也相应低一些。这种考虑电网供电可靠性因素而制订的电价称为高可靠性电价。电力用户想要获得高可靠性的电能供应就应该要支付高可靠性电价。所以电网的供电可靠性不仅是考核电网供电能力的一项重要指标，也是制订高可靠性电价的依据。

1. 几种常用的可靠性指标与计算

(1) 供电可靠率。供电可靠率是指在统计期间内，对电力用户有效供电时间总小时数与统计期间小时数的比值，记作 RS－1，其计算公式为

$$RS-1=\left(1-\frac{\text{用户平均停电时间}}{\text{统计期间时间}}\right)\times 100\% \tag{4-60}$$

若不计外部影响，则记作 RS－2，其计算公式为

$$RS-2=\left(1-\frac{\text{用户平均停电时间}-\text{用户平均受外部影响停电时间}}{\text{统计期间时间}}\right)\times 100\% \tag{4-61}$$

若不计系统电源不足限电时，则记作 RS－3，其计算公式为

$$RS-3=\left(1-\frac{\text{用户平均停电时间}-\text{用户平均限电停电时间}}{\text{统计期间时间}}\right)\times 100\% \tag{4-62}$$

(2) 用户平均停电次数。用户平均停电次数是指供电用户在统计期间内的平均停电次数，记作 AITC－1，其计算公式为

$$AITC-1=\frac{\sum(\text{每次停电用户数})}{\text{总用户数}} \tag{4-63}$$

若不计外部影响，则记作 AITC－2，其计算公式为

$$AITC-2=\frac{\sum(\text{每次停电用户数})-\sum(\text{每次受外部影响的停电用户数})}{\text{总用户数}} \tag{4-64}$$

若不计系统电源不足限电时，则记作 AITC－3，其计算公式为

$$AITC-3=\frac{\sum(\text{每次停电用户数})-\sum(\text{每次限电停电用户数})}{\text{总用户数}} \tag{4-65}$$

(3) 用户平均停电时间。在统计期间内，每一用户平均停电时间记作 AIHC - 1，其计算公式为

$$\text{AIHC}-1=\frac{\sum(\text{每次停电持续时间}\times\text{每次停电用户数})}{\text{总用户数}} \tag{4-66}$$

若不计外部影响，则记作 AIHC - 2，其计算公式为

$$\text{AIHC}-2=\frac{\sum(\text{每次外部影响停电持续时间}\times\text{每次受其影响的停电用户数})}{\text{总用户数}} \tag{4-67}$$

若不计电源不足限电影响，则记作 AIHC - 3，其计算公式为

$$\text{AIHC}-3=\frac{\sum(\text{每次限电停电持续时间}\times\text{每次限电停电用户数})}{\text{总用户数}} \tag{4-68}$$

配电网处于电力系统的末端，直接与电力用户相连，是电力系统向电力用户供应电能和分配电能的重要环节，所以对于电力用户来说，配电网的可靠性是整个电力系统可靠性最集中和最直接的体现。南方电网不仅将配电网的可靠性评估应用在系统的运行管理上，还应用在配电网的规划阶段，在南方电网发布的《中国南方电网 110kV 及以下配电网规划指导原则》中，就明确了不同供电分区应达到的可靠性指标：供电可靠率 RS - 3 和对应的用户平均停电时间 AIHC - 3。配电网可靠性指标的评估不仅为电网的规划运行人员提供了科学的决策信息，也是后续进行高可靠性定价和可靠性经济赔偿的基础。

2. 高可靠性电价制订的原则及优化模型

我国现行的销售电价虽然对用户进行了分类，但是对各类用户实施的销售电价还是停留在以量定价，没有考虑以质定价。对于要求高可靠性供电的重要用户，采用的是多线路、多电源供电，供电成本也相应增高，即不同供电可靠性的供电成本是不同的，但是这种供电成本差异并没有体现在对供电可靠性有不同需求的用户的成本分摊上，也就不能很好体现对用户的公平性。因此，有必要对供电可靠性有不同要求的用户制订不同的电价，即高可靠性电价。

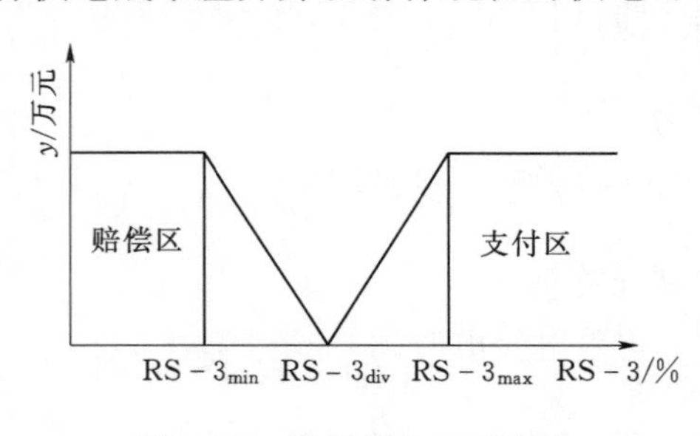

图 4.25 基于供电可靠率的高可靠性电价模型

用户可以通过选择支付较高的电费来获取供电可靠性较高的电能，也可以选择供电可靠性较低的供电，少支出电费。同时，当用户选择了一定的供电可靠性水平后，如果供电可靠性水平达不到，则依据公平原则，供电方应对用户进行相应的经济赔偿。配电网的可靠性定量评估是通过配电网的可靠性指标体现的，可靠性指标不仅可以用来衡量配电网的可靠性等级，还可以用来作为高可靠性电价制订的依据。参考用户的供电可靠率指标，可以得到制订高可靠性电价的模型，如图 4.25 所示。

由图 4.25 可知，当用户的供电可靠率高于设定的临界可靠率 RS - 3_{div}时，用户就要支付高可靠性电价，这个高可靠性电价将随着可靠率的提升而增高，当到达设定的最高可靠率 RS - 3_{max}时，电价也就增加到对应的饱和区不再提升；反之，当供电可靠率恶化，低于设定的临界可靠率 RS - 3_{div}时，电网公司也要对用户进行相应的经济赔偿，赔偿会随着

可靠率的恶化而线性增加至最低可靠率 $RS-3_{min}$处封顶。

电网的供电可靠性要求与电网所供区域息息相关，南方电网不仅对配电网的各种分区提出了划分标准，还提出了对应分区的可靠率标准。一般来说，级别较高的供电分区由于供电可靠率要求高，电网的网架结构要更为完备，设备的选用水平也更高，网络的支撑能力本身就较高，如果在级别较高的供电区域内的负荷要求有高的供电可靠率，电力企业只需要较少的投资就能获得较高可靠性的供电方式，甚至是电网本身的网架结构、设备选用就能保障有很高的供电可靠性的条件下，不需要为用户专门制订特殊的供电方案，电网本身就能满足用户的供电可靠性需求。选择供电高可靠性的用户有可能处于同一供电分区，也有可能处在不同供电分区，为了保证处于低供电可靠性的配电网用户获得高的供电可靠率，电网投资就大；反之，如果用户本身就处在供电可靠性较高的配电网，电网需要追加的投资就小，所以获取同一供电可靠率的电力用户的高可靠性电价是有区别的，这取决于电力用户所在的供电分区，高可靠性电价在制订时，电价将依据供电分区来确定，即模型中的临界可靠率 $RS-3_{div}$将依据用户所在的供电区域电网布局、结构、电网设备的选择及供电水平而定。

用户支付的高可靠性电价会随着供电可靠率的提高而不断增加，当可靠率提高至最大值 $RS-3_{max}$时，电价也将会增加到饱和值。理论上用户的供电可靠率的最大值就是100%，所以无论用户处于哪种供电分区，$RS-3_{max}$都为 100%。

高可靠性电价与相应的可靠性经济赔偿是相辅相成、不可分割的，只有在引入高可靠性电价之后建立相应的可靠性经济赔偿机制才能使电网公司保证对电力用户供电可靠性的有效性。当供电可靠率低于电网公司承诺的临界值时，电网公司就应该对支付高可靠性电价的用户进行经济赔偿，赔偿量会随着供电可靠率的减小而增加，当可靠率减至设定的最小值 $RS-3_{min}$时，赔偿值也将会增加到饱和值。同临界可靠率一样，$RS-3_{min}$的取值也是根据供电分区的不同而不同的，不同供电区域内的用户应该享有和供电分区对应的供电可靠率。

虽然供电可靠率能够体现配电网的可靠性，但是对于电力用户来说，用平均停电时间来评价供电可靠性更为直接和易于接受，所以将上述基于供电可靠率的电价模型转化为基于用户平均停电时间的电价优化模型，如图 4.26 所示。

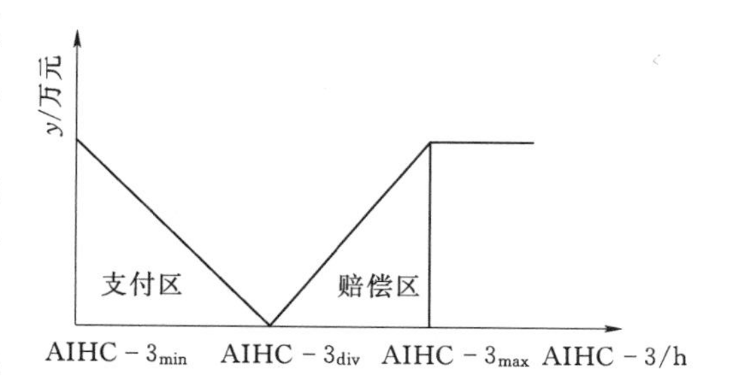

图 4.26　基于用户平均停电时间的高可靠性电价优化模型

图 4.26 中的用户平均停电时间和图 4.25 中的供电可靠率应该是处于同样的制约条件，并且是相互对应的关系，否则就不具有一致性。高可靠性电价具体计算方法如下：

（1）根据高可靠性电价实施用户的临界供电可靠率 $RS-3_{div}$计算出对应的临界用户平均停电时间 $AIHC-3_{div}$。

$$AIHC-3_{div}=(1-RS-3_{div})\times 8760 \tag{4-69}$$

（2）根据提高供电可靠性的供电方式计算出提高后的电力用户的供电可靠率 RS－3

和用户平均停电时间 AIHC－3。

(3) 根据高可靠率 RS－3 对应的用户平均停电时间 AIHC－3 计算出电力用户的高可靠性电价 P 。

$$P=\begin{cases}P_0+\dfrac{\text{AIHC}-3_{\text{div}}-\text{AIHC}-3}{\text{AIHC}-3_{\text{div}}}P_0 & (\text{AIHC}-3<\text{AIHC}-3_{\text{div}})\\ P_0 & (\text{AIHC}-3=\text{AIHC}-3_{\text{div}})\end{cases} \tag{4-70}$$

式中 P_0——原始基础电价，基础电价的选定将依据电力用户的类别。

目前我国实行的是4种类别的用电销售电价形式，不同类别用电形式之间电价形式是有差别的，见表4.11。

表4.11 电网用电分类及销售电价形式情况

用电分类	实施的销售电价形式	用电分类	实施的销售电价形式
一、居民生活用电	阶梯电价	三、大工业用电	两部制电价 (基本电价＋电度电价)
二、一般工商业及其他用电	电度电价	四、农业生产用电	电度电价

从表4.11可见，4种用电分类中只有大工业用电实施了两部制电价，即销售电价包括了基本电价和电度电价两个部分，其余3种用电分类实施的是单一制电价，即电度电价，其中居民生活用电实施的是阶梯电价，但是也是按电度进行计量的。

对于实行电度电价的电力用户，在进行高可靠性电价计算时，原始基础电价 P_0就是现行的电度电价。对于实行两部制电价的大工业用户，对于大工业电力用户来说，P_0可以取为两部制电价中的基本电价，也可以取为电度电价，还可以一部分分摊到基本电价中，一部分分摊到电度电价中，不同的取法是有差别的。对于大工业电力用户来说，虽然供电可靠性提高了，但是用户本身并没有增加用电量，增加的电费支出体现在供电容量成本的提高上，将增加的电费分摊到基本电价中，这种分摊形式最易于用户接受。对于电力企业来说，当大工业电力用户的主供电源或主供线路发生故障时，备用电源及备用线路将有短期的电力电量输送，所以增加的电费分摊在电度电价中用于收取短期电力电量交换的效益。但是用于这种短期电力电量交换时间和数量具有不确定性，按电量准确计算出分摊的电度电价比较困难，所以不易执行和操作。供电可靠性的提高必然要增加投资建设备用电源和备用线路，同时备用线路也会有短期的电力电量输送，所以增加的电费支出一部分分摊在基本电价中用于回收固定资产，一部分分摊在电度电价中最为合理。但是，一方面按电量准确计算出分摊的电度电价比较困难；另一方面确定出基本电价和电度电价的合理分摊比例也同样困难。综上所述，在正常的基本电价基础上再收取可靠性加价部分，即将高可靠性电价计入到基本电价这种类型较能被电力企业和大工业电力用户双方接受，而且计算和操作也更简单易行。所以对大工业用户来说，原始基础电价 P_0就是现行的基本电价。

3. 高可靠性电价经济赔偿机制模型

电力用户为了获得高的供电可靠性而支付高可靠性电价，这个电价是要高于原来的基础电价的；反之，如果电力企业承诺的供电可靠性达不到规定的要求，也应该进行相应的可靠性赔偿。一旦发生停电，将会给用户带来直接影响，产生停电损失，用户的停电损失既和用户的类型、生产特性有关，又和停电的持续时间、是否提前通知用户等因素有关。对用户进行停电损失的评估是进行可靠性赔偿的前提和基础。最直接影响用户停电损失的是停电的持续时间长短，所以在考虑对用户进行可靠性经济赔偿时应该根据用户的中断电量来进行计算，并且用户的中断电量也较易于精确计算，所以根据中断电量来进行经济赔偿的方式也就易于被用户接受。

发生停电后，电力用户得到的可靠性赔偿要能补偿用户的停电损失，也就是能补偿用户的停电成本效益，这个停电成本效益将随着中断电量的增加而增加，而中断电量又将随着用户的停电时间变化而变化，所以在对电力用户进行可靠性经济赔偿时是根据用户的平均停电时间来进行计算的，当用户供电可靠率低于临界值 $RS-3_{div}$ 时，对应的用户停电时间也将大于临界值 $AIHC-3_{div}$，用户就应该得到可靠性经济赔偿。

（1）工业用户可靠性经济赔偿的计算方法。

1）工业用户单位电量的等效停电损失函数。工业用户在进行用户停电损失计算时可以考虑将这些工业用户因为中断电力供应而减少的产品产出带来的利润损失作为工业用户的停电损失。工业用户的停电损失不仅与用户中断电量有关，与用户的类型 T、用户生产的产品售价和利润也都有关。假设共有 n 种类型的工业用户参与高可靠性电价方案，不同类型工业用户的单位产品能耗值为 T_ikW·h/t，不同类型工业产品的单位产品售价为 β_i 元/t，不同类型工业产品的单位产品利润率为 α_i%，则不同类型工业用户的单位电量停电损失函数的具体计算为

$$C_i=\frac{\alpha_i\beta_i}{T_i} \tag{4-71}$$

与其他电价方案一样，高可靠性电价方案的实施也要保持一定的稳定性，以避免电价的频繁变动对社会经济带来过大的影响，电价的调整周期同样考虑不低于一年，所以在高可靠性电价的实施周期内，停电成本函数中的参数 T_i、α_i 和 β_i 可以看作固定不变的参数。

从式（4-71）可以看出，对于不同类型的工业用户，单位电量停电损失函数 C_i 是不一样的，如果按照某一类工业用户的 C_i 来计算赔偿，有可能出现对其他类型工业用户赔偿过低或过高的情况，如果对不同类型工业用户采取不同的赔偿标准，赔偿形式过于复杂，不易操作，对用户也不能体现公平性，所以要求取一个等效的平均单位电量停电损失函数 C。

设参与高可靠性电价的每类工业负荷的最大负荷为 m_ikW，则每类参加高可靠性电价的工业用户的系数 b_i 为

$$b_i=\frac{m_i}{\sum_{i=1}^{n}m_i} \tag{4-72}$$

其中

$$\sum_{i=1}^{n}b_i=1$$

n 种类型工业用户的单位电量等效停电损失函数的具体计算为

$$C=\sum_{i=1}^{n}b_iC_i=\sum_{i=1}^{n}b_i\frac{\alpha_i\beta_i}{T_i} \tag{4-73}$$

2）设电网公司对工业用户每中断1kW·h的电能给予Q元的补偿，这个经济补偿应该能弥补工业用户的停电损失，即

$$Q = C = \sum_{i=1}^{n} b_i \frac{\alpha_i \beta_i}{T_i} \tag{4-74}$$

3）确定享有高可靠性供电的电力用户所在的供电区域，并根据所在的供电区域确定出高可靠性电价计算的临界供电可靠率$RS-3_{div}$，并根据$RS-3_{div}$计算出对应的临界用户平均停电时间$AIHC-3_{div}$为

$$AIHC-3_{div}=(1-RS-3_{div})\times 8760 \tag{4-75}$$

4）当参与高可靠性电价的某个工业用户的最大负荷为M(kW)，用户的停电时间AIHC-3大于临界用户平均停电时间$AIHC-3_{div}$时，就要对该工业用户进行经济赔偿，即

$$S=QM\times AIHC-3-AIHC-3_{div} \tag{4-76}$$

（2）其他类别电力用户可靠性经济赔偿的计算方法。除了工业用户外，其他类别的电力用户参与到高可靠性电价项目中时，在供电可靠性下降时，同样也应该获得经济赔偿。但是由于其他类别电力用户的停电损失函数不像工业用户那样容易量化计算，相应的单位电量的补偿值也就不容易准确计算了。同时，一个电价方案的执行要考虑可操作性，如果对不同类型的电力用户采用不同实施标准，方案就过于复杂，也不易被其他用户接受，所以，其他类别的电力用户在进行可靠性经济赔偿时，可以参照工业用户的赔偿标准计算，在方案实施一段时间后，如果赔偿标准与用户的实际停电损失差异过大，再进行调整和改进。

4.5.1.4 需求侧管理实施对象匹配分析

在设计了3个需求侧管理的实施模型之后，需要将实施对象与设计的模型进行匹配，即对实施用户的聚类分析结果与设计的需求侧管理方案做出相关性判断，为实施需求侧管理提供决策依据。虽然设计的3种电价模型都是需求侧管理的重要经济措施，都是旨在通过有效的经济激励措施，引导电力用户改变用电方式和用电时间，从而改善负荷曲线形状，提高用户的用电效率，节约能源，使社会综合资源得到优化配置。但是三者之间还是有差异的，是不能互相替代的，选择何种方案要根据方案的特点和对用户用电特性的聚类计算结果才能确定。

3种方案中，相对而言，分时电价的实施难度较小，几乎没有什么参与门槛限制，对电力企业来说，实施起来比较简单，但是由于削峰填谷的主动权掌握在电力用户手中，实施起来有明显的滞后性，即电力用户负荷曲线的调整效果不能短时间体现，如果在电力系统的电力供需形势极为紧张、高峰时段缺电显著的情况下，分时电价就不能在短期内解决矛盾。

可中断负荷电价实施方案的目的比较明确，就是希望通过电费的补偿，使电力用户在负荷峰值期或紧急状态下按照合同要求中断或削减负荷，从而解决电力系统阶段性、季节性缺电的矛盾，实施的门槛值较高，都是中断潜力较大的大工业用户，对电力企业来说，实施起来要复杂些，要选择合适的参与用户、计算中断容量、确定中断时间和中断时段，要与这些用户签订合同，但是由于中断的主动权在电力企业手中，实施效果在短时间内就

极为明显。

而高可靠性电价是一种考虑供电可靠性因素而制订的电价，是有别于现行的销售电价的，现行的电价是以量定价，而高可靠性电价则是以质定价，电价将随着供电可靠性的变化而变化，同时为了保证高可靠性电价执行的有效性，还要建立相应的可靠性经济赔偿机制：用户可以选择支付较高的电费获取较高的供电可靠性；反之，如果用户在分摊这部分成本之后，供电的可靠性水平未达到要求，电力企业就要承担中断供电对用户带来的停电损失，即电力企业要对用户进行可靠性经济赔偿。同时，电力用户也可以选择较低供电可靠性的供电方式，少支出电费，但是用户要自己承担中断供电带来的停电损失。可以看出高可靠性电价和可靠性经济赔偿机制的实施对供电方和用电方都是有利的事情。

在对 3 种方案进行对比分析之后，就需要对电力用户的聚类结果也进行用电特性分析，分析与需求侧管理方案之间的相关性，才能作为实施需求侧管理的决策依据。根据对 3 种需求侧管理方案的分析，可以得出对应匹配的实施用户应该具有的用电特性，如图 4.27 所示。

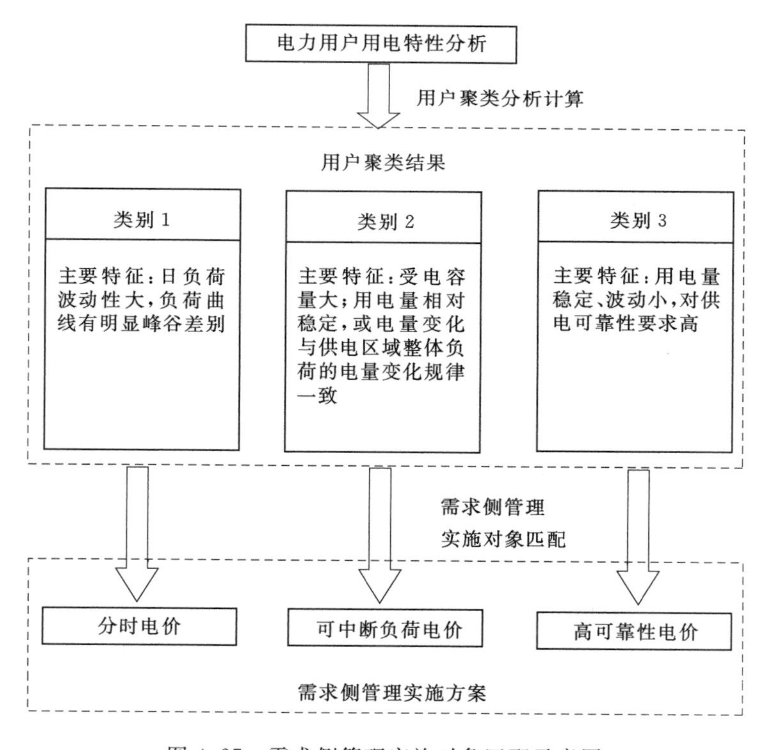

图 4.27 需求侧管理实施对象匹配示意图

4.5.1.5 贵州省某地区供电公司需求侧管理实施对象匹配分析

利用 K－means 算法对该地区供电公司所选定的 17 个大工业用户进行聚类计算，并分为 3 大类，见表 4.9，按照上述匹配原则分析，可以将分类的用户进行实施需求侧管理方案的匹配，其中类别 1 的用户适宜于实施分时电价，类别 2 的用户有实施可中断负荷管理的潜力，类别 3 的用户适合执行高可靠性电价。

根据对该地区供电公司实施需求侧管理的应用需求分析，现阶段该地区供电公司不存在电力短缺、供用电紧张的情况，现阶段实施需求侧管理的目标应该是优化负荷曲线，改变电量使用情况、增加电力用户、拓宽电力市场。所以现阶段需求侧管理的实施重点应该是分时电价方案。随着社会经济的发展，用电需求的增加，未来有可能出现电力供不应求的时候，实施需求侧管理的目标就转移为改变电力，这时候需求侧管理就可以引入可中断负荷电价方案。

根据匹配原则，对于具有高可靠性供电要求的类别 3 用户，适合执行高可靠性电价，适合分时电价方案的应该是类别 1 用户，适合可中断负荷电价方案的应该是类别 2 用户。但并不是说，类别 2 的用户就只能适合执行可中断电价方案。类别 2 的用户同样也可以执行分时电价，因为分时电价的实施难度较小，几乎没有什么参与门槛限制。具体选择何种方案，可以根据匹配的原则对实施对象进行优化排序，即对选择执行分时电价的对象进行优先关系排序，可以优先考虑类别 1 的用户，其次是类别 2 的用户。反之亦然，如果要执行可中断负荷电价时，优先考虑执行类别 2 的用户，其次再是类别 1 的用户。可见，对需求侧管理对象的聚类与匹配分析，不仅包括可以科学地确定实施对象群，还包括能对实施对象进行优先关系的排序。

4.5.2　实施用户响应预测模型

4.5.2.1　用户对分时电价的响应分析

电力用户对分时电价的响应程度与用户的负荷特性、行业特点、生产方式等都密切相关，同一地区的电力用户对分时电价的负荷响应曲线也各不相同，但是，不同用户响应的基本原则是一致的，即在满足基本安全用电的前提下，都是峰、谷电价差越大，就越能刺激用户削峰填谷的积极性。

当分时电价的峰、谷电价差较小时，对用户的刺激也较小，用户对分时电价几乎没有响应或是响应很小；当峰、谷电价差增大时，对用户的刺激也随之增大，用户对分时电价的响应也逐渐增强；当峰、谷电价差增至一定阈值时，对用户的刺激达到一个极限值，即用户的响应也达到了饱和，用户将不会随着峰、谷电价差的进一步增大而进行响应。为了简化模型，可以将这一响应过程用一个分段线性函数来表示，如图 4.28 所示，相应的表达式为

$$k_2=\begin{cases} k_{2\max} & (k_1<k_{1\min}) \\ \dfrac{k_{2\max}-k_{2\min}}{k_{1\min}-k_{1\max}}(k_1-k_{1\max})+k_{2\min} & (k_{1\min}<k_1<k_{1\max}) \\ k_{2\min} & (k_1>k_{1\max}) \end{cases} \tag{4-77}$$

式中　k_1——峰、谷电价比；

　　　k_2——峰、谷电量比。

当 $k_{1\min}=1$（未实施分时电价）时，$k_{2\max}$为电力用户的初始峰、谷电量比，也是用户响应的初始阈值；随着 k_1的增大，进入负荷响应的线性区，用户开始对分时电价进行响应，负荷开始发生转移，对应的负荷峰、谷电量比 k_2不断减少；当到达一定的阈值 $k_{1\max}$时，用户响应趋于饱和，用户将不再随着电价的变化而发生变化，即峰、谷电量比 k_2不

再随着 k_1 的增大而减小，k_2 也达到了对应的饱和值 $k_{2\min}$。

虽然对于所有电力用户，$k_{1\min}=1$ 都表示在未实施分时电价时峰、谷电价比为 1 的相同条件，但是不同电力用户的响应曲线是有差别的，反映为响应曲线的线性段斜率、饱和区阈值的不同，即 $k_{1\max}$、$k_{2\max}$、$k_{1\min}$ 的取值不同，这 3 个参数的合理取值程度将直接体现用户响应曲线的真实程度。

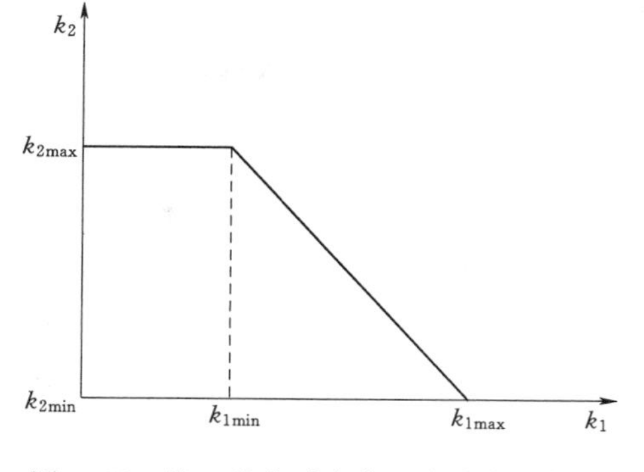

图 4.28　峰、谷分时电价用户响应度模型

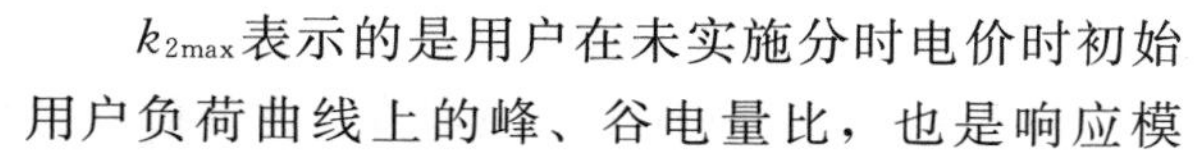

$k_{2\max}$ 表示的是用户在未实施分时电价时初始用户负荷曲线上的峰、谷电量比，也是响应模型的初始阈值，这个参数可以按照已设定的分时时段的划分在用户的负荷曲线上直接进行求取。

$k_{2\min}$ 表示的是用户在实施分时电价后可发生最大负荷转移时的最大峰、谷电量比，不同用户特别是工业用户由于行业的生产方式、工艺流程不同，往往在进行负荷转移时都会有一个极限值，当达到这个极限值时，无论电价刺激再大，用户也将不再做出响应。$k_{2\min}$ 所对应的 k_1 就是 $k_{1\max}$，也是用户对电价不再发生响应时的峰、谷电价比。

以上 3 个参数中除了 $k_{2\max}$ 可直接量化求取外，$k_{2\min}$ 和 $k_{1\max}$ 不好直接量化确定，需要对响应曲线不断进行拟合、逐次逼近后才能求取。可以采用最小二乘法进行参数估计，即设定实施分时电价后的峰、谷电量比的估计值与实测值之差的平方和最小为目标函数，即

$$Q(k_{2\min},k_{1\max}) = \min\sum_{i=1}^{n}(k_{2i}-k'_{2i})^2 \tag{4-78}$$

式中　k_{2i}——第 i 次实施分时电价后用户的峰、谷电量比的估计值；

k'_{2i}——第 i 次实施分时电价后用户峰、谷电量比的实测值。

为了使目标函数达到最小，对目标函数采用最小二乘法求极值来进行参数估计，即

$$\left.\begin{aligned}\frac{\partial Q(k_{2\min},k_{1\max})}{\partial k_{2\min}}=0\\ \frac{\partial Q(k_{2\min},k_{1\max})}{\partial k_{1\max}}=0\end{aligned}\right\} \tag{4-79}$$

当实施次数越多时，观测到的样本实测值越多，函数参数的估计值越接近真实值，用户响应曲线的拟合的真实程度越高，就越能反应用户的真实响应情况。

4.5.2.2　用户对可中断负荷电价的响应分析

可中断负荷电价与分时电价一样，都是需求侧管理的重要手段，都是旨在通过有效的经济激励措施，引导电力用户改变用电方式和用电时间，从而改善负荷曲线形状，提高用户的用电效率，节约能源，使社会综合资源得到优化配置。

可中断负荷电价的实施对象比较集中，一般选取受电容量较大，并且中断潜力也较大的大工业用户作为可中断电价的实施对象。参与实施方案的用户会有一个门槛值，这个门

槛值将规定参与用户的受电容量和最小中断容量。可中断负荷电价的实施只是电力企业按照可中断合同规定在中断时刻向参与的电力用户发出指令，用户得到指令后进行中断响应，基本不需要特别的用电设备，用户只是根据合同调整自身的生产用电计划。对于可中断负荷管理，电力用户有权根据自身的情况来选择是否参与，电力企业对电力用户提出中断负荷的补偿方案后，用户在估计自身的停电损失的基础上决定是否参与，用户的自主权大，用户可以根据不同的可中断合同形式，依据自身的情况决定中断的负荷量、中断的时段及频率等，但是用户一旦签订了可中断合同，就必须按照合同要求在得到电力企业的指令后，在规定的时段中断规定的用电负荷。用户在中断负荷用电之后，同样也要根据可中断合同获得中断电量的经济补偿。

4.5.2.3 用户对高可靠性电价的响应分析

根据对供电可靠性的要求及中断供电后造成的损失和影响程度，通常将电力负荷分为三类：一类是高可靠性负荷，即一级负荷，这类负荷对供电可靠性有严格的要求，如果中断供电将会造成人身伤亡事故或重大的政治、经济影响，产生严重的后果；二类是敏感性负荷，即二级负荷，这类负荷对供电可靠性的要求没有一级负荷高，但是对供电可靠性也有一定要求；三类是普通负荷，即三级负荷，这类负荷对供电可靠性的反应不显著。大多数负荷是比较复杂的，可能兼顾一、二、三类负荷，但是无论哪类负荷，为了提高供电可靠性，电力企业都是采用备用电源和备用线路来实现的，电力企业对备用电源和备用线路的投入就应该体现在电价上加价，即高可靠性电价。

电力用户为了获得所需的供电可靠性向电力企业支付高可靠性电价，电力企业就将会按照用户的用电特点提供不同的供电方式进行区别供电，从而使不同用户的供电可靠性产生差异，这样就减少了低可靠性用户的用电成本，同时确保高可靠性用户的供电可靠性，使不同用户的利益得到了维护。用户通过支付高可靠性电价，获得高水平的供电可靠性，也能减少用户的停电损失风险。

4.5.2.4 贵州省某地区供电公司需求侧管理用户响应分析

根据对该地区供电公司现阶段实施需求侧管理的需求分析和实施目标的确定，现阶段在该地区供电公司实施需求侧管理方案的重点应该在分时电价的实施上，通过用户的聚类分析以及聚类匹配分析可知，实施分时电价的用户群应该优先考虑类别1的用户，即建材行业用户和化工行业用户，这两类用户的分时电价响应的预测分析如下。

根据分析，分时电价以及响应模型应该是一个如图4.24所示的分段线性函数，可以表示为式（4-77）。未实施分时电价时，所有时段的电价是一致的，即$k_{1\min}=1$，对应的$k_{2\max}$为电力用户的初始峰、谷电量比，也是用户响应的初始阈值，根据用户未进行调整的负荷曲线可以求出这个值。开始实施分时电价后，用户对其进行响应，当峰、谷电价比k_1大时，峰、谷电量比k_2就呈线性响应，不断减少，直至到达饱和阈值$k_{2\min}$，峰、谷电量就不再发生变化，此时对应的就是最大峰、谷电价比$k_{1\max}$。通过调研可知，目前我国各省区实施的分时电价的峰、谷电价比k_1大多为2：1～5：1，峰、谷电价比越大，就越能刺激电力用户移峰填谷的积极性，从而减少对应的峰、谷电量比k_2。江苏省早在1999年10月就在全省开始实施分时电价，峰、谷电价比为3：1，到2003年8月，峰、谷电价比拉大到5：1，这也是目前国内最高的峰、谷电价比，所以在该地区供电公司考虑采用5：1

作为模型中阈值 k_{1max} 的初次估计值，而 k_{1max} 对应的 k_{2min} 就要分用户的不同行业进行讨论。江苏省苏州市和南京市对所供区域内的冶金、化工、建材、机械、纺织和医药 6 大行业分别进行了实施分时电价后移峰效果和填谷效果统计，得出了这 6 大行业的移峰填谷情况。对该地区供电公司不同用户的峰、谷电量比 k_2 的初次参数估计也参照此进行计算。

结合该地区整体负荷的变化情况，可以设计出分时电价的时段划分，见表 4.12。

表 4.12　　地区供电公司分时电价时段划分情况表

类　别	峰时段（8h）	平时段（8h）	谷时段（8h）
时段划分	8：0—12：00 17：00—21：00	12：00—17：00 21：00—24：00	0：00—8：00

根据对我国已实施分时电价的效果分析，不同行业在进行分时电价的响应时，除了负荷响应的变化程度不一样外，响应的时间段也是有差别的。对于生产连续性较强，负荷曲线整体平稳的行业，如化工、冶金等行业，在实施分时电价后，用电负荷不仅在高峰时段出现避峰，低谷时段出现填谷的现象，用户平时段的部分负荷也转移到了低谷时段，所以也出现了行业平均填谷效果要大于平均移峰效果的现象。这主要是因为对于连续性生产的行业，在进行工序安排和调整时，虽然不同工序用电量不一样，但是用电的持续时间都比较长，所以会出现在跨越平时段时也进行负荷调整的现象。对于负荷曲线存在波动的行业，如建材行业，由于生产设备的用电持续时间不如其他行业连续，负荷会有小范围的波动，这类负荷就可以只在用电峰时段进行避峰，在低谷时段进行填谷，在平时段不进行负荷调整或调整幅度较小，以尽量减少对正常生产作业的影响。

1. 建材行业典型用户对分时电价的响应预测分析

所选的地区供电公司建材行业的用户都是水泥生产厂，可以单独对选定的水泥厂典型用户进行分时电价的响应预测分析。根据对不同行业用户的负荷特性分析可知，水泥厂实行的是三班制连续生产，生产不受季节影响，全年负荷基本平稳，但是在生产过程中，由于生产设备的用电特点，会有负荷冲击，所以负荷曲线在小范围、短时间内存在波动。

虽然水泥厂属于连续性生产企业，但是其生料粉磨等工序不一定需要连续 8h 生产，根据已知的行业统计数据分析，建材行业对分时电价的响应是已知行业中最为敏感的，响应程度也是最大的。并且负荷调整基本集中在负荷的高峰时段和低谷时段，为了简化分析，只考虑在峰时段进行避峰、在谷时段进行填谷的负荷调整。对该选定用户的典型日实际负荷进行采集，并对其实施分时电价后（峰、谷电价比为 5：1）的最大可能负荷调整做出预测，如图 4.29 所示。

2. 化工行业典型用户对分时电价的响应预测分析

所选的地区供电公司化工行业的用户都是化肥生产厂，可以单独对选定的化肥厂典型用户进行分时电价的响应预测分析。根据对不同行业用户的负荷特性分析可知，化肥厂实行的也是三班制连续生产，用电负荷整体平稳，整体负荷调整空间不大，但是其生产各阶段的用电量还是有所不同的，在分时电价的刺激下，如果进行生产流程的适当调整，将用电量大的工序安排在低谷时段就可以进行一定程度的负荷调整，从而

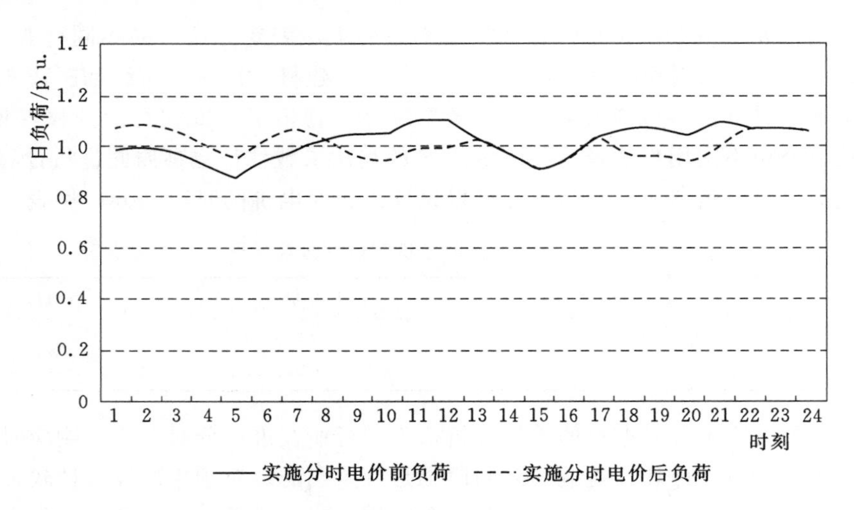

图 4.29 建材用户典型日负荷变化曲线

达到一定的避峰效果。

在进行负荷调整时，由于化工厂实行的是三班制连续生产，其主要生产车间作业不能进行调整，只能将运输、配料、成品打捆、检验等工序安排在低谷时段，而这些工序也还是具有一定的连续性，作业过程不宜中断，所以会出现不仅在峰时段有负荷转移，在连续作业的平时段也出现了负荷转移。对该选定用户的典型日实际负荷进行采集，并对其实施分时电价后（峰、谷电价比为 5：1）的最大可能负荷调整做出预测，如图 4.30 所示。

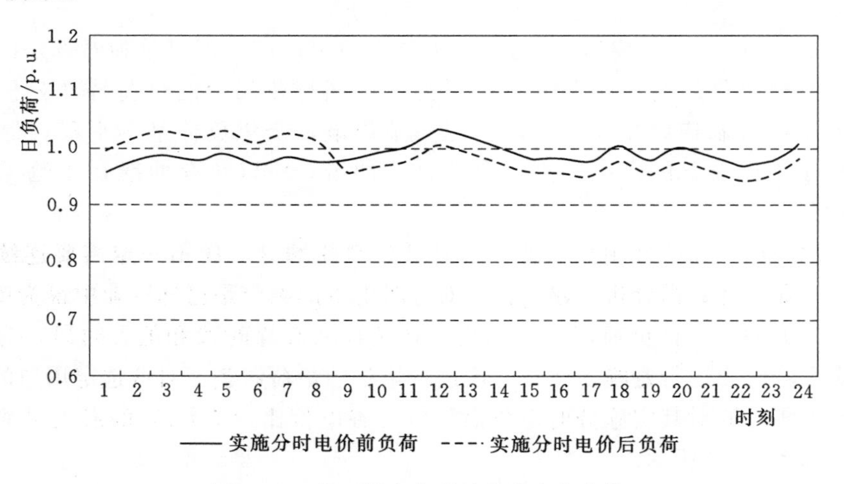

图 4.30 化工用户典型日负荷变化曲线

4.6 需求侧管理评价指标体系

要对实施的需求侧管理方案进行检验和评价才能评判项目的可行性和有效性，从而对下一步的实施方案进行必要的调整，开拓更广泛的电力市场。通常情况下，一个工程项目的优劣不仅仅取决于技术效益，还要取决于经济效益，技术优势并不等同于经济优势，只有在技术上可行、经济上合理的方案才有可能被广泛采纳，所以有必要对需求侧管理方案从技术角度和经济角度分别进行评估，同时，如果评估范围扩展到整个供电区域，分析电力企业和电力用户的全部成本收益之和，则是综合到社会综合效益中，从全社会角度看，整个社会获得的效益还体现在环境效益上，主要包括 SO_2 和 CO_2 的减排量。

对需求侧管理实施方案的检验和评价不仅要进行定性分析，还需要定量分析，确定相应的指标体系。参与各方有各自的成本形式和利益要求，所以不能建立一个统一、单一的评价指标体系。一个可行的需求侧管理实施方案，必须是参与各方都能受益的，而且成本和效益应该在各参与方之间进行合理的分配。

4.6.1 技术指标体系

1. 电力企业技术指标

（1）电力企业可避免峰荷电力评估。可避免峰荷电力是指实施了需求侧管理方案，使得整个电网减少的高峰时段最大负荷，具体可以用下列指标来评估：

1）电网日负荷率（日平均负荷/日最大负荷）。

2）电网日最小负荷率（日最小负荷/日最大负荷）。

显然，日负荷率和日最小负荷率在不同的日期具有不同的值，即在年内是变化的，可以对方案实施期间各日负荷率和日最小负荷率求取平均值来表示。

（2）电力企业可避免峰荷电量评估。可避免峰荷电量是指实施了需求侧管理方案，使得整个电网减少的高峰时段用电量。这个可避免电量既包括了由于采用了可中断负荷、节能战略措施进行削峰产生的可避免峰荷电量，也包括了由于采用分时电价进行移峰填谷产生的可避免峰荷电量，其评估指标如下：

1）电网日峰用电量占比（日峰时段电量/日总电量）。

2）电网日谷用电量占比（日谷时段电量/日总电量）。

3）电网日峰、谷用电量比（日峰时段电量/日谷时段电量）。

不同日期，电量评估的指标同样也是变化的，可以类似地求取需求侧管理实施方案期间的平均值来表示。

（3）电力企业运营评估。在实施需求侧管理后，电网的负荷曲线会得到全面优化，优化的负荷曲线会给电力企业带来运营上的技术效益和经济上的收益，其评估指标如下：电网最大负荷利用率（最大负荷利用小时数/8760）。

2. 电力用户技术指标

（1）电力用户可避免峰荷电力。用户的可避免峰荷电力是指实施了需求侧管理方案，使得用户减少的高峰时段最大用电负荷，其评估指标如下：

1）电力用户日负荷率（日平均负荷/日最大负荷）。

2）电力用户日最小负荷率（日最小负荷/日最大负荷）。

（2）电力用户可避免峰荷电量。用户的可避免峰荷电量是指实施了需求侧管理方案，使得用户减少的高峰时段用电量，其评估指标如下：

1）电力用户日峰用电量占比（日峰时段电量/日总电量）。

2）电力用户日谷用电量占比（日谷时段电量/日总电量）。

3）电力用户日峰、谷用电量比（日峰时段电量/日谷时段电量）。

4.6.2 经济指标体系

经济指标体系体现的是参与需求侧管理后各方获得的经济效益体现，经济效益计算时要区分考虑资金的时间价值和不考虑资金的时间价值。无论是对电力企业还是对电力用户，通过对收益和成本的比较可以看出，如果收益大于成本，参与方实施需求侧管理就是有经济效益的，就能提高参与方实施需求侧管理的积极性，方案就具有可行性；反之，如果收益小于成本，参与各方就没有经济效益，就不能调动各方参与需求侧管理，方案就不具有实施可行性。

1. 电力企业经济指标

（1）电力企业实施需求侧管理的成本。电力企业实施需求侧管理，要对参与的电力用户提供支持费用，也要提供管理费用，同时，由于需求侧管理的实施，还可能造成电力企业的售电量减少，带来售电收入的减少，所以实施需求侧管理的总成本应该是这三部分之和。同样在进行计算时要区别是否考虑资金的时间价值和不考虑资金的时间价值，其评估指标如下：

1）电力企业支付的支持费用。

2）电力企业支付的管理费用。

3）电力企业减少的售电收入。

（2）电力企业实施需求侧管理的收益。电力企业在实施需求侧管理时，由于负荷曲线的优化会带来最大用电负荷减少、负荷曲线波动变小的情况，会直接带来整个电力系统建设投资成本减少，或是外购电量减少以及运维费用减少的收益，但同时，也有可能产生电量的减少，带来售电收益的减少。电力企业在鼓励电力用户参与到需求侧管理中时，会提供支持，进行管理，这些都会产生费用，都是实施需求侧管理的成本，所以在进行计算最终的成本效益计算时，都需要扣除。同样的，在进行计算时要区别是否考虑资金的时间价值和不考虑资金的时间价值，其评估指标如下：

1）电力企业减少的电量成本。

2）电力企业减少的运营成本。

一般来说，在电力紧缺、供电不足的电力系统，电力企业实施需求侧管理的应用需求主要是为了缓解供电紧缺，实施目标主要是节能为主，电力企业最大收益来源于可避免电力建设成本。对于供电富余的电力系统，电力企业实施需求侧管理的应用需求则是为了改变电力、电量使用情况，实施目标主要在负荷管理上，电力企业最大的收益来源于供电成本的减少。

总之，电力企业的成本效益分析要进行综合评价，只有收益大于成本时，实施需求侧管理才是有效的、可行的。

2. 电力用户经济指标

（1）电力用户实施需求侧管理成本。对电力用户而言，实施需求侧管理的成本主要包括项目的支出费用和新增设备的运维费用。因为参与项目需要新增、替代旧设备而购置新设备。这些新设备的购买、安装费用扣除被替代设备的购置费用就是项目的支出费用，其评估指标如下：

1）电力用户项目支出费用。

2）电力用户对新增设备的运维费用。

（2）电力用户实施需求侧管理收益。电力用户参与需求侧管理获得的收益也主要包括两方面：一方面是由于参与方案实施节约了电量消耗从而节约了电费的支出，或者是改变了用电模式，调整了电量使用情况产生的电费差额收益；另一方面是电力用户获得的电力企业支付的支持性费用，其评估指标如下：

1）电力用户减少的电费支出。

2）电力用户获得的支持费用。

和电力企业的成本收益评估一样，无论是成本还是收益，在进行计算时要区别是否考虑资金的时间价值和不考虑资金的时间价值。只有在收益大于成本时，电力用户才有可能参与需求侧管理的实施。

4.6.3 社会综合效益指标体系

对需求侧管理方案社会综合效益的评估应该是考虑整个项目的费用和社会效益，即电力企业和参与实施的电力用户的全部成本、效益之和，而发生在内部的转移费用是不做考虑的。其实从社会的角度来看，整个社会获得的效益主要体现在环境效益上，即由于实施需求侧管理产生的节能减排效益，可以用 SO_2 和 CO_2 的减排量作为社会综合效益的环境指标，其评估指标如下：

（1）SO_2 的减排量。

（2）CO_2 的减排量。

4.6.4 贵州省某地区供电公司需求侧管理实施评价分析

根据对该地区供电公司实施需求侧管理方案的设计，现阶段实施需求侧管理的目标是优化负荷曲线，改变电量使用情况。而现阶段需求侧管理的实施重点首选是分时电价方案。同时利用负荷聚类分析匹配出了该地区供电公司适合实施分时电价方案的用户群，即为生产连续稳定的建材行业大用户和化工行业大用户。

在实际实施需求侧管理时，不同的日子评价指标具有不同的值，在整个实施周期中，指标是变化的，在进行实际评价时可以对方案实施期间变化的指标求取平均值来表示。在需求侧方案还没有实际实施之前，只能进行预测评价，往往采取的是选取典型日的数据来进行预测分析。同时，根据对需求侧管理评价指标体系的分析可知，从评价角色的不同，需求侧管理的评价可以从实施的主体电力企业和实施的对象电力用户来进行评价；从评价角度的不同，可以从技术、经济和社会综合效益来进行评价。对该地区供电公司实施分时电价方案后的效果从这几个方面分别进行预测评价。

1. 技术评价

（1）电力企业方面技术评价。根据对实施分时电价的用户进行的响应分析，可以测算出实施分时电价前后该地区供电公司的负荷变化情况，见表 4.13。

表 4.13 地区供电公司实施分时电价技术评价

类别		实施分时电价前	实施分时电价后
电力企业可避免峰荷电力评估	日负荷率/%	75.05	76.34
	日最小负荷率/%	41.38	43.84
电力企业可避免峰荷电量评估	日峰用电量占比/%	39.66	38.99
	日谷用电量占比/%	22.72	23.42
	日峰、谷用电量比	1.75	1.66
电力企业运营评估	最大负荷利用率/%	61.27	62.33

从表 4.13 可见，该地区供电公司在实施分时电价后，企业可避免峰荷电力、电量及企业的运营都得到了不同程度的优化。因为只考虑 8 个大工业用户的参与，所以指标提升幅度不大，但是如果把分时电价的实施方案面扩大、实施对象增多的话，指标的提升幅度必定也会随之增加。

（2）电力用户方面技术评价。除了对电力企业进行评价外，对电力用户也应该进行技术方面的评价。因为实施的对象是两大类用户，即建材行业用户和化工行业用户，所以分别进行评价，见表 4.14 和表 4.15。

表 4.14 建材行业用户实施分时电价技术评价

类别		实施分时电价前	实施分时电价后
电力用户可避免峰荷电力	日负荷率/%	91.58	93.86
	日最小负荷率/%	78.70	83.27
电力用户可避免峰荷电量	日峰用电量占比/%	35.21	32.06
	日谷用电量占比/%	31.72	34.50
	日峰、谷用电量比	1.11	0.93

表 4.15 化工行业用户实施分时电价技术评价

类别		实施分时电价前	实施分时电价后
电力用户可避免峰荷电力	日负荷率/%	95.43	95.78
	日最小负荷率/%	92.33	91.19
电力用户可避免峰荷电量	日峰用电量占比/%	33.67	32.90
	日谷用电量占比/%	33.12	34.36
	日峰、谷用电量比	1.02	0.96

从表 4.14 和表 4.15 可见，由于选择的实施对象都是质优用户，并且建材行业和化工行业都属于连续生产的企业，两个行业的日负荷率都较高，都在 90%以上，峰、谷电量比均接近于 1∶1。所以分时电价的实施主要是刺激用户进行生产工序上的调整，其日负荷率都有提高，峰时用电量都有降低，谷用电量都有增加，峰、谷电量比都调整到小于 1。根据分析，峰、谷电量比小于 1 时，电力用户就将从分时电价中获益，可以看出，分时电价的实施刺激了用户进行负荷的移峰填谷。

2. 经济评价

(1) 电力企业方面经济评价。分时电价实施后，用户通过负荷调整，利用峰、谷电价差节省了电费支出，而电力企业的售电收入也会相应减少，同时，在用户发生响应之后，负荷曲线由于移峰填谷可以使电网设备的建设投资和运行成本减少。因为是预测评价，为了简化，暂不考虑电力企业为实施分时电价支付的支持费用和管理费用，以及电力用户为实施分时电价需新增的设备费用和相应的运维费用。综合考虑下来，对双方的整体经济效益进行评价，评价过程如下：

1) 对该地区供电公司实施分时电价的工业用户进行实施前后的电费支出情况分析，计算出电力企业典型日的售电损失。

2) 根据实施分时电价之后，由用户进行移峰填谷后使得地区供电公司减少的110kV变电容量估算出电网可以节省的变电投资，其中，变电容量的单位造价是依据《贵州省“十三五”配电网规划投资估算单位造价指标表》计算所得，110kV变电容量的单位造价计算约为46.32万元/MVA。将年变电投资进行折现计算，计算出电力企业每年的可减少变电投资，再将可减少的年变电投资除以365折算至每一天，得到电力企业每天可减少的变电投资。

在进行折现计算时，根据变压器的机械行业标准《电力变压器选用导则》(GB/T 17468—1998) 的规定，变压器的寿命一般考虑为20年，折现率按10%计，则可以计算出折现系数 (A/P，10%，20) 为0.11746。

3) 根据实施分时电价后，该地区供电公司可减少的年变电投资估算出对应可减少的年电网运行维护费用。其中，电网的运行维护费用包含修理费、职工薪酬以及其他费用。参照文献 [37、38] 对电网运行费用的计算，修理费按新增固定资产原值乘以1.5%确定；职工薪酬是在历史成本的基础上，参考电力、燃气及水的生产和供应业在岗职工年人均工资水平，以及CPI的增长率等确定；而其他费用是按新增固定资产原值乘以2.5%确定。为了简化计算，此处进行可减少运行维护费用计算，只考虑修理费和其他费用，即该地区供电公司由于实施分时电价可减少的运行维护费按照可减少的变电投资原值乘以4%确定。再将年运维费用除以365折算至每一天，得到每天可减少的运维费用。

依据上述步骤，可以得到该地区供电公司实施分时电价的经济评价，见表4.16，在考虑了电力企业的售电损失之后，每天获得的经济效益为0.12万元。

表4.16　地区供电公司实施分时电价经济评价　单位：万元

项目		金额
电力企业实施需求侧管理的成本	减少的典型日售电收入	0.36
电力企业实施需求侧管理的收益	减少的典型日电量成本	0.3582
	减少的典型日运营成本	0.1220
实施分时电价前后差额		0.12

(2) 电力用户方面经济评价。实施分时电价后，电力用户往往会出于节省电费支出的目的调整用电时间，尽量避峰用电，同时增加用电设备低谷时段的电力使用量。如果分时电价的刺激程度不够，则用户的响应度就不强，对实施既定峰、谷电价比5：1的方案下

的建材行业用户和化工行业用户在进行负荷响应和未进行负荷响应的典型日电费情况以及实施分时电价前后的电费情况进行评价，结果见表 4.17 和表 4.18。

表 4.17　建材行业用户实施分时电价经济评价　单位：万元

项　目		金　额
实施分时电价前典型日电费		80.27
实施分时电价后典型日电费	用户发生响应	80.00
	用户未发生响应	84.15
	用户发生响应前后差额	-4.15
实施分时电价前后差额		0.27

表 4.18　化工行业用户实施分时电价经济评价　单位：万元

项　目		金　额
实施分时电价前典型日电费		110.99
实施分时电价后典型日电费	用户发生响应	110.90
	用户未发生响应	112.87
	用户发生响应前后差额	-1.97
实施分时电价前后差额		0.09

从表 4.17 和表 4.18 可见，实施峰、谷电价比 5∶1 的分时电价后，电力用户在发生负荷响应，进行负荷曲线调整后，典型日的电费支出情况要小于用户不进行响应的情况；对比分时电价实施后用户进行响应后的电费支出与实施分时电价之前用户的电费支出情况可知，实施分时电价后，用户发生负荷响应之后的电费也同样会有减少，并且随着负荷的增长，这两种差额都会随之增大。可以得出，选定的分时电价方案能够有效刺激电力用户进行移峰填谷的电量转移。

数据挖掘在需求侧供电服务中的应用及研究

电力企业需要向电力用户提供质量优良的供电服务，但是不同用户的用电特征、需求特点是不同的，即用电需求侧的需求具有差异性。随着电力市场的建立和不断完善，供电企业也从过去的生产型企业逐渐转变为生产经营型企业，电力企业对需求侧的供电服务也发生了变化。电力企业需要根据需求侧中不同电力用户的用电需求差异提供不同的供电服务，无论是在供电服务方式还是电力营销手段实施方面都需要进一步细化和完善，以满足不同用户的需求。

5.1 数据挖掘在用户差异化服务中的应用及研究

对电力用户进行差异化服务是建立在用户的不同需求基础上的，而对用户不同需求的分析则是建立在对用户细分的理论基础上的。电力用户细分是在电力企业收集和整理用户信息资料的基础上，根据用户的用电需求特点、购电行为、用电信誉状况等方面的差异，将用户划分为不同客户群的过程。每一个客户群在某一方面具有类似特点，不同的客户群具有明显的差异性。在进行用户细分之后，就可以对不同的客户群进行差异化供电服务。

进行用户的差异化服务是一套完整的运营流程，用户细分是前提，而用户细分的基础是对用户的用电信息和资料进行收集和整理，找出它们之间存在的差异，然后才能进行细分。数据挖掘能从大量数据中挖掘、提取出未知的、有价值的规律或知识，将数据挖掘应用到用户细分中能使电力企业更有效地掌握电力用户的用电行为及需求，可以说数据挖掘技术是进行用户细分最有效的工具。

用户细分是相对的，不同的细分依据对应不同的细分方式，不同的细分方式就有不同的差异化服务应用，在同一细分群中的用户不一定是完全一样的，但是在某一方面应该是具有相同或是相近的特点。基于此思路，根据用户细分进行供电差异化服务的流程如图

5.1所示。

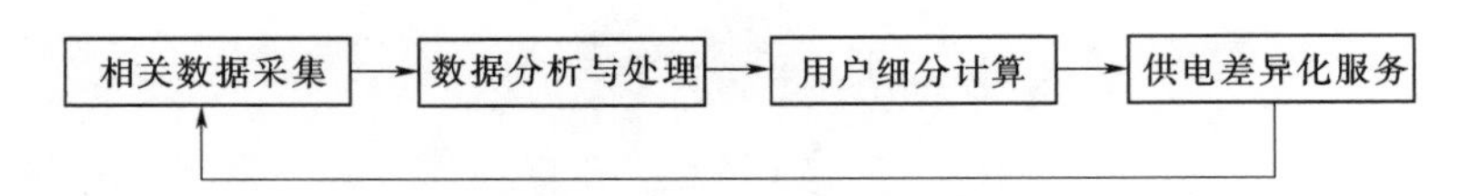

图5.1 用户细分进行供电差异化服务流程图

5.1.1 根据停电敏感度进行供电差异化服务

电力用户对供电质量的首要要求是保证供电的可靠性，所以电力企业承担了向用户连续稳定供电的重要责任。一旦发生重要用户、敏感用户的停电事件，电力企业将面临较大的社会舆论压力和法律责任。因此，电力企业有必要提前辨识停电敏感度高的电力用户，降低用户停电投诉的概率，提高用户的用电满意度。

5.1.1.1 基于停电敏感度的用户细分

根据用户对供电可靠性的要求，传统的划分标准是将电力负荷分为一级、二级、三级负荷。一级负荷是中断供电将造成人身伤亡和将在政治、经济上造成重大损失的负荷，如造成重大设备损坏、打乱重点企业生产秩序并需要长时间才能恢复、重要铁路枢纽无法工作、经常用于国际活动的场所秩序混乱等；二级负荷是在中断供电时会造成企业的严重减产、停工，局部地区的交通会发生阻塞，城市居民的正常生活秩序会被扰乱的负荷；除一级、二级负荷以外的一般负荷属于三级负荷。这种划分方式往往依据运行人员的主观判断进行划分，并不能准确体现用户对停电的敏感程度，如果利用数据挖掘技术来研究和分析用户各方面的用电信息，找出规律，建立模型，利用模型来判断全体用户的停电敏感程度，则比单纯依靠运行人员的主观判断准确得多。

利用数据挖掘技术来对不同用户的停电敏感度进行分类的应用思路是，通过对用户用电基础数据的分析，应用数据挖掘的分类算法，建立用户的停电敏感度模型，对用户停电敏感度进行分级，寻找出对停电敏感度高的用户，并对不同敏感度用户提供差异化服务。

1. 数据采集

在进行停电敏感度的用户细分时，与停电直接或是间接相关的数据都可以先进行初步采集，作为后续数据挖掘的基础。采集的数据共25个类别，包括：客户类别、重要客户标识、营业区域、计量方式、客户身份、用电类别、信用等级、预付费标志、城镇/农村、行业类别、电源类型、合同容量、电压等级、负荷等级、高可靠性标志、计划停电次数、故障停电次数、错峰停电次数、欠费停电次数、停电总次数、用电时长、平均停电时间、最大停电时间、最常用停电通知方式、年龄（居民用户）。

在进行建模数据采集时，如果供电企业所供用户多，那么对所有用户进行数据采集的话，数据采集量会很大，也是没有必要的，可以根据需要从全量用户中按一定比例随机抽取，但是如果抽取的比例很低，样本数据就不足以描述用户的用电特性，所以这个比例不应该低于全量用户的10%。

2. 数据分析与处理

在初始数据采集的基础上，进一步分析和选择出与用户停电敏感度相关度高的数据作为下一步建模的基础。为了更好地展现不同数据的相关关系，可以对选取的25个变量数据利用基尼指数进行计算标识，基尼指数是用来衡量一个集合分布是否均匀或非均匀的评价标准，基尼指数越低，说明数据分布越均匀，集合的纯度越大，则变量数据的区分度越低。

将25个类别的数据与用户拨打过95598进行停电咨询、投诉、建议的统计进行相关性分析，通过基尼指数进行标识，选择最相关的几个类别数据作为建模变量。计算结果表明，具有较强相关关系属性的数据共有6个类别：计量方式、客户身份、用电类别、行业类别、合同容量、电压等级。

3. 基于停电敏感度的用户细分

在对用户进行停电敏感度细分时，供电企业可以按照自己的服务资源，划分不同等级的客户敏感度。建议将客户划分为潜在高敏感客户群、潜在次高敏感客户群、潜在普通客户群和潜在低敏感客户群4个群体，用于分析每个群体的特征表现，方便从业务角度验证分群结果的准确性。将用户分别映射到预先定义好的4个类别群中，这就是数据挖掘中最为常见的分类分析，因为在数据准备之前，类别就已经确定了，所以分类通常被称为有监督的学习。例如可以采用分类分析中常常采用的多元线性回归算法进行分类计算。

根据建模的需要选取的样本数据可以按40%、30%和30%拆分为训练集、验证集和测试集。训练集用来建立回归模型和计算回归系数，验证集用来对训练集所建立的模型结果进行验证和细微调整，测试集用于模型测试。模型建立好后，就可以提取全体用户数据，对全体用户进行停电敏感度打分计算，从而对全体用户进行停电敏感度细分。

5.1.1.2 基于停电敏感度的用户差异化服务

对用户进行停电敏感度的细分，目的是针对不同停电敏感度用户实施差异化的服务措施，以提高服务效率，优化服务质量。例如：

(1) 优先改进停电通知和复电信息公布方式，在确知复电进度及复电时间的基础上，告知敏感客户。

(2) 对故障停电快速反应，并且将故障停电抢修过程信息及时告知敏感客户。

(3) 统计和展现每条线路有多少高停电敏感客户以及分布状况，针对停电高敏感客户集中区域，在制订停电计划和停电协调安排时，作为安排和优化停电计划的辅助参考。

(4) 对高敏感客户集中区域，在制订电网建设规划时，提出明确建议，作为电网规划制订的重要参考依据。

5.1.2 根据欠费风险进行供电差异化服务

电力企业最主要的经营利润来自于对用户的电费回收。通过分析不同用户缴纳电费的行为以及用户的基本用电属性特征，可以进行用户的电费回收风险预测，有助于电力企业对不同用户提前采取差异化的电费回收策略和预防措施，从而保障电力企业的电费收入，有效控制企业的经营风险。

5.1.2.1 基于欠费风险的用户细分

电力企业如果能明确每个电力用户的电费回收风险等级，找到高风险用户，有针对性地采取差异化的策略和具体措施，就能确保电费及时回收，降低企业经营风险。

利用数据挖掘技术来对不同用户的欠费风险进行分类的应用思路是，通过对用户用电基本属性数据和历史用电行为属性数据的分析，应用数据挖掘的分类算法，建立用户的欠费风险模型，对用户欠费风险进行分级，寻找出高欠费风险用户，并对不同欠费风险用户提供差异化服务。

1. 数据采集

在进行欠费风险的用户细分时，采集的数据分为用电基本属性数据和历史用电行为属性数据，对于历史用电行为属性数据，可以根据数据的完整性选择近3个月、6个月、12个月或是24个月区间值。采集的数据共计22个类别，见表5.1。

表5.1 用户欠费风险细化数据采集表

用电基本属性数据		历史用电行为属性数据（近3个月、6个月、12个月、24个月区间值）	
（1）负荷类型。 （2）用电性质。 （3）合同容量。 （4）供电电压。 （5）客户身份。 （6）客户年龄。 （7）城市/农村	（1）当前是否销户。 （2）是否存在预购电装置。 （3）出账周期	（1）总用电量。 （2）电费实际缴纳金额。 （3）总用电量与去年同期用电比例。 （4）电费实际缴纳金额与去年同期金额比例。 （5）缴费次数。 （6）平均缴费时长。 （7）缴费方式变更次数	（1）违章用电次数。 （2）罚金金额。 （3）划扣失败次数。 （4）账单登录次数。 （5）账单登录时长

与停电敏感度用户细分一样，在进行建模数据采集时，如果供电企业所供用户多，则对所有用户进行数据采集的话，数据采集量将很大，是没有必要的，可以根据需要从全量用户中按一定比例随机抽取，这个比例不应低于全量用户的10%。

2. 数据分析与处理

在初始数据采集的基础上，进一步分析和选择出与用户欠费风险相关度高的数据作为下一步建模的基础。同样的，为了更好地展现不同数据的相关关系，可以对选取的22个变量数据利用基尼指数进行计算标识。将22个类别的数据与用户拨打过95598进行停电咨询、投诉、建议的统计进行相关性分析，通过基尼指数进行标识，最终选择最相关的5个类别数据作为建模变量：合同容量、城市/农村、缴费时长、缴费金额及缴费次数。

3. 基于欠费风险的用户细分

在对用户进行欠费风险细分时，供电企业可以按照自己的服务资源，将用户的欠费风险分数从高到低进行排列，划分不同等级的用户欠费风险度。建议将用户划分为高风险群、次高风险群和低风险群3个群体。将用户分别映射到预先定义好的3个类别群中，这也属于数据挖掘中最为常见的分类分析，同样也可以采用分类分析中常采用的多元线性回归算法进行分类计算。

根据建模的需要选取的样本数据可以按40%、30%和30%拆分为训练集、验证集和测试集。训练集用来建立回归模型和计算回归系数，验证集用来对训练集所建立的模型结果进行验证和细微调整，测试集用于模型测试。模型建立好后，就可以提取全体用户数据，对全体用户进行欠费风险的打分计算，从而对全体用户进行欠费风险细分。

5.1.2.2 基于欠费风险的用户差异化服务

对用户进行欠费风险的细分，目的是针对不同的欠费风险用户实施差异化的服务措施，以降低电费回收风险，提高电费回收效率。例如：

（1）对潜在电费回收风险高的用户进行温馨提示，并结合服务资源打电话进行通知和提醒，从而促进高风险用户按时缴费，促进电费回收。

（2）在截缴期结束后，生成尚未缴费的用户清单，打印催费通知单，并将催费通知单上门分发送达用户。

（3）在欠费跨月之后，规定时间还没交费用户可以根据停电审批流程对客户进行停电处理。

（4）对高电费回收风险的客户，在电费通知单上说明缴费金额包含的电费本金、违约金情况，同时告知每月计收违约金时间。

5.1.3 对大客户进行供电差异化服务

一直以来，基于用电量大小，电力企业将电力用户划分为大客户和普通客户。大客户向来是电力企业的重点服务对象，因为大客户的流失对电力企业的损失会很大，同时，大客户的单位供电成本也相对较低，所以电力企业需要对大客户在标准化的供电服务基础上提供更为周到的服务。但是大客户往往分布在各个行业中，如果不能充分掌握大客户的不同用电情况和不同业务需求，就很难在标准化的供电服务基础上有侧重地开展大客户服务。因此，有必要将大客户进一步细分，在保证电网安全运行的同时，对大客户提供差异化服务，以满足不同大客户的用电需求，提高电力企业的服务质量。

5.1.3.1 对大客户的用户细分

电力企业如果能对不同大客户进行细分及特征刻画，准确制订出适合客户群体的市场活动，就能提供个性化的大客户服务，提升客户满意度。利用数据挖掘技术来对大客户进行细分的应用思路是，通过提取电力企业营销系统里与大客户的基本情况、业务需求等相关的信息数据，应用数据挖掘的聚类算法，对大客户进行细分及特征刻画，从而提供大客户差异化服务。

1. 数据采集

在进行大客户细分时，电力企业营销系统中与大客户基本情况、用电业务需求等相关的数据都可以先进行初步选取采集，选取采集时可以根据以下几个主要选取原则：

（1）不考虑离散型数据。离散型数据主要指用户的一些基本属性数据，如用电性质、信用等级和客户身份等信息。这些基本属性数据的取值比较集中，如果用于聚类，会对群结果有引导作用，不适宜分出可以差异化服务的客户群体结果，因此不选用这些数据建模，但可以在对群体的结果进行刻画时使用。

（2）进行数据相关性计算。为了减少计算量，对高相关性的数据组只选择一个进行计算，例如用电量和缴费金额是高相关性，只选择其中一个数据进行分群。

（3）排除大客户中没有太大区分度或全为缺失值的数据。对大客户进行细分是为了找出不同大客户之间存在的差异和不同特征，所以大客户具有的共性特征就没有必要考虑，例如停电次数、窃电次数、投诉次数、发票打印次数等 。

（4）排除非业务关注重点的数据。对大客户进行细分的目的是为了提供个性化的大客户服务，所以对于非服务业务关注的数据就没有必要进行收集，例如咨询电网建设次数、网上营业厅修改联系方式次数等。

基于上述选取原则，对相关数据进行筛选，筛选出符合客户服务关注点的数据共16个类别，见表5.2。

表5.2　　大客户细化数据采集表

业务办理数据	渠道沟通数据	缴、欠费数据	违约、违章数据
（1）95598咨询抄核收业务次数。 （2）95598查询停送电次数。 （3）95598用电业务办理次数。 （4）业扩收费次数。 （5）高压新装次数。 （6）高压增容次数。 （7）高压减容次数。 （8）暂停及恢复次数。 （9）改类次数	（1）网上营业厅登录次数。 （2）95598拨打次数。 （3）抱怨总次数	（1）月均缴费金额。 （2）常用缴费方式	（1）用检不合格次数。 （2）功率因数不达标次数

2. 数据分析与处理

在进行聚类计算前，先要对聚类的各个数据进行数据标准化处理，以消除量纲、平衡各个属性对距离的影响。数据标准化处理的方式为

$$x_i'=\frac{x_i-\overline{x}}{\sigma} \tag{5-1}$$

式中　x_i'——标准化后的样本数据；

x_i——样本数据；

$\overline{x}$——样本数据的平均值；

σ——样本数据的标准差。

数据标准化后还需要对数据干扰项进行处理，即对标准化后聚类的各个样本数据边界进行过滤以消除干扰。根据统计学原理，约99.7%数值分布在距离平均值有3个标准差之内的范围内。所以标准化后的数据如果分布在此范围之外，就考虑滤除掉，以免给后续计算带来干扰，滤除掉的数据可以考虑用边界值代替。

3. 大客户细分

在进行大客户细分时，电力企业同样可以按照自己的服务资源划分不同的大客户群。同一聚类群中的用户相似性大，不同聚类群中的用户之间相似性较小。根据每个大客户群体的特征表现，电力企业就能方便地从业务角度对不同客户提出有针对性的服务策略。如果进行聚类的群体数量预先确定好，就可以采用聚类算法中常采用的K－mens算法进行聚类。

5.1.3.2　基于大客户细分的用户差异化服务

对大客户进行细分的目的是确定不同群体大客户的业务侧重点和业务需求点，改变现有的营销管理思路和模式，从而给予大客户更为周到的服务。例如：

（1）给予更高的安全供电级别。

（2）提供上门服务，加强对客户的用电检查力度，指派专人加强对客户的安全用电指导。

（3）加强供用电双方的沟通，多采用面对面的沟通，听取客户的意见和建议，重点征求客户的业务发展和用电需求，让客户参与到客户服务中来。

（4）给予优惠待遇，实行优先服务，推广新兴业务办理渠道，优先占用资源等。

（5）提供有关电力方面的法律、法规和政策信息。

（6）跟进客户的经营状况，加强客户的用电情况分析和经济用电指导，为客户提供用电分析报告，提供节能降耗方案等。

5.1.4 贵州某地区供电公司用户差异化服务分析

以贵州省某地区供电公司对供电用户进行细分为例进行说明，根据上述说明，对该地区的电力用户分别基于停电敏感度、欠费风险程度和用电量较大的大客户进行细分，并根据细分结果，对不同用户实施差异化服务。该地区供电公司按照自己的服务资源，在对用户进行停电敏感度细分时，将用户划分为潜在高敏感客户群、潜在次高敏感客户群、潜在普通客户群和潜在低敏感客户群 4 个群体。在对用户进行欠费风险细分时，将用户划分为高风险群，次高风险群和低风险群 3 个群体。在对大客户进行细分时，根据对选取大客户数据的聚类计算分析，该地区大客户共细分为 5 个群体，每一群体的大客户具有表 5.3 的特征。

表 5.3　大客户细化结果表

细分群体	群体特征
第一群	客户比较沉默，生产情况存在波动，对暂停及暂停恢复业务需求相对较多的大客户群体。在缴费上倾向于去营业厅通过现金、支票等方式
第二群	属于特别活跃的大客户群体，从 95598 拨打次数、网上营业厅登录次数反映出较强的沟通行为
第三群	经营状况势头良好，对高压增容业务需求量较大，但功率因数不达标次数较多
第四群	属于相对沉默的大客户群，在缴费方式上倾向于通过网银缴费、银行代扣、自助终端等方式
第五群	历史上发生过用检不合格多次的大客户群体

用户细分的结果以图表形式展现，所有具体类型（停电敏感度、欠费风险和大客户细分）的细分结果可以在下一级属性界面中查看，第一级用户细分结果查询界面如图 5.2 所示。

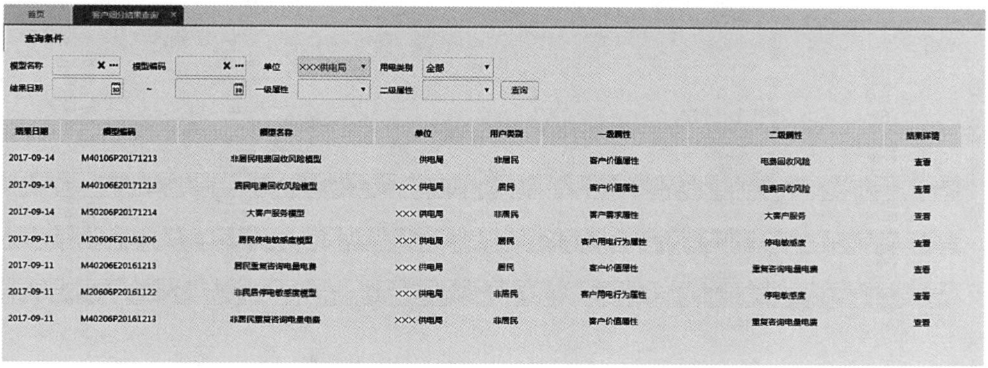

图 5.2　第一级用户细分结果查询界面图

基于停电敏感度的用户细分查询界面如图 5.3 所示。

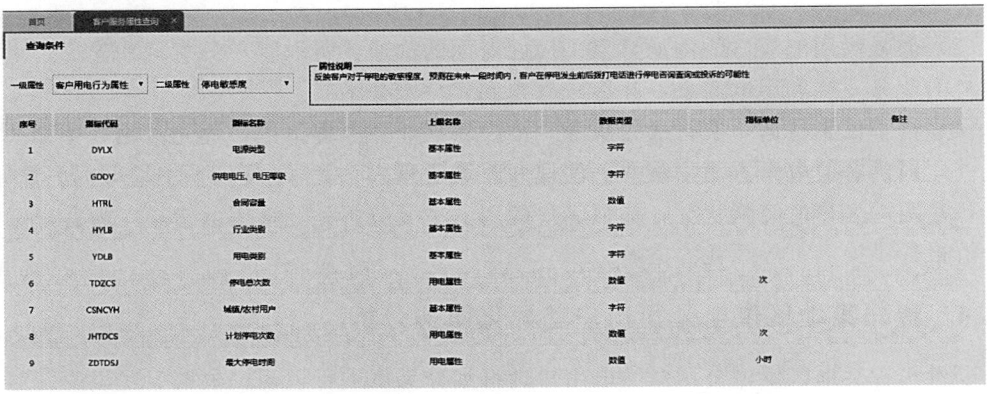

首页 客户服务属性查询

查询条件

一级属性 客户用电行为属性 二级属性 停电敏感度

属性说明
反映客户对于停电的敏感程度。预测在未来一段时间内，客户在停电发生前后拨打电话进行停电咨询查询或投诉的可能性

序号	指标代码	指标名称	上级名称	数据类型	指标单位	备注
1	DYLX	电源类型	基本属性	字符		
2	GDDY	供电电压、电压等级	基本属性	字符		
3	HTRL	合同容量	基本属性	数值		
4	HYLB	行业类别	基本属性	字符		
5	YDLB	用电类别	基本属性	字符		
6	TDZCS	停电总次数	用电属性	数值	次	
7	CSNCYH	城镇/农村用户	基本属性	字符		
8	JHTDCS	计划停电次数	用电属性	数值	次	
9	ZDTDSJ	最大停电时间	用电属性	数值	小时	

图 5.3 基于停电敏感度的用户细分查询界面图

基于欠费风险的用户细分查询界面如图 5.4 所示。

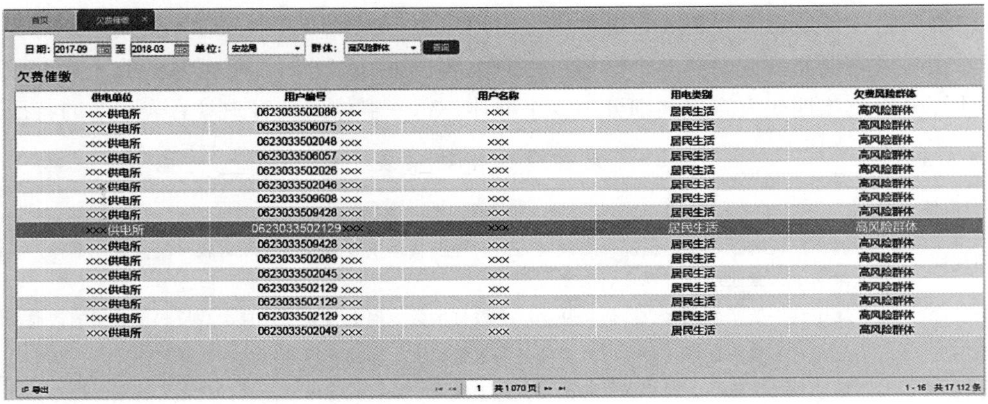

首页 欠费催缴

日期：2017-09 至 2018-03 单位：安龙局 群体：高风险群体 查询

欠费催缴

供电单位	用户编号	用户名称	用电类别	欠费风险群体
×××供电所	0623033502086 ×××	×××	居民生活	高风险群体
×××供电所	0623033506075 ×××	×××	居民生活	高风险群体
×××供电所	0623033502048 ×××	×××	居民生活	高风险群体
×××供电所	0623033506057 ×××	×××	居民生活	高风险群体
×××供电所	0623033502026 ×××	×××	居民生活	高风险群体
×××供电所	0623033502046 ×××	×××	居民生活	高风险群体
×××供电所	0623033509608 ×××	×××	居民生活	高风险群体
×××供电所	0623033509428 ×××	×××	居民生活	高风险群体
×××供电所	0623033502129 ×××	×××	居民生活	高风险群体
×××供电所	0623033509428 ×××	×××	居民生活	高风险群体
×××供电所	0623033502069 ×××	×××	居民生活	高风险群体
×××供电所	0623033502045 ×××	×××	居民生活	高风险群体
×××供电所	0623033502129 ×××	×××	居民生活	高风险群体
×××供电所	0623033502129 ×××	×××	居民生活	高风险群体
×××供电所	0623033502129 ×××	×××	居民生活	高风险群体
×××供电所	0623033502049 ×××	×××	居民生活	高风险群体

导出 1 共1070页 1-16 共17112条

图 5.4 基于欠费风险的用户细分查询界面图

基于大客户细分的查询界面如图 5.5 所示。

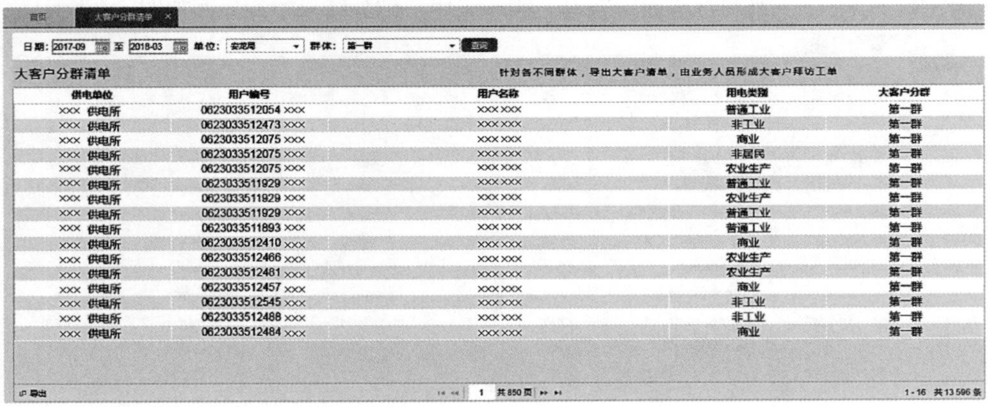

首页 大客户分群清单

日期：2017-09 至 2018-03 单位：安龙局 群体：第一群 查询

大客户分群清单 针对各不同群体，导出大客户清单，由业务人员形成大客户拜访工单

供电单位	用户编号	用户名称	用电类别	大客户分群
××× 供电所	0623033512054 ×××	××× ×××	普通工业	第一群
××× 供电所	0623033512473 ×××	××× ×××	非工业	第一群
××× 供电所	0623033512075 ×××	××× ×××	商业	第一群
××× 供电所	0623033512075 ×××	××× ×××	非居民	第一群
××× 供电所	0623033512075 ×××	××× ×××	农业生产	第一群
××× 供电所	0623033511929 ×××	××× ×××	普通工业	第一群
××× 供电所	0623033511929 ×××	××× ×××	农业生产	第一群
××× 供电所	0623033511929 ×××	××× ×××	普通工业	第一群
××× 供电所	0623033511893 ×××	××× ×××	普通工业	第一群
××× 供电所	0623033512410 ×××	××× ×××	商业	第一群
××× 供电所	0623033512466 ×××	××× ×××	农业生产	第一群
××× 供电所	0623033512481 ×××	××× ×××	农业生产	第一群
××× 供电所	0623033512457 ×××	××× ×××	商业	第一群
××× 供电所	0623033512545 ×××	××× ×××	非工业	第一群
××× 供电所	0623033512488 ×××	××× ×××	非工业	第一群
××× 供电所	0623033512484 ×××	××× ×××	商业	第一群

导出 1 共850页 1-16 共13596条

图 5.5 基于大客户细分的查询界面图

在对用户进行细分的基础上，对不同用户实施差异化服务，有效提升了该地区供电公司的服务类和运营类的供电指标，如图 5.6～5.8 所示。

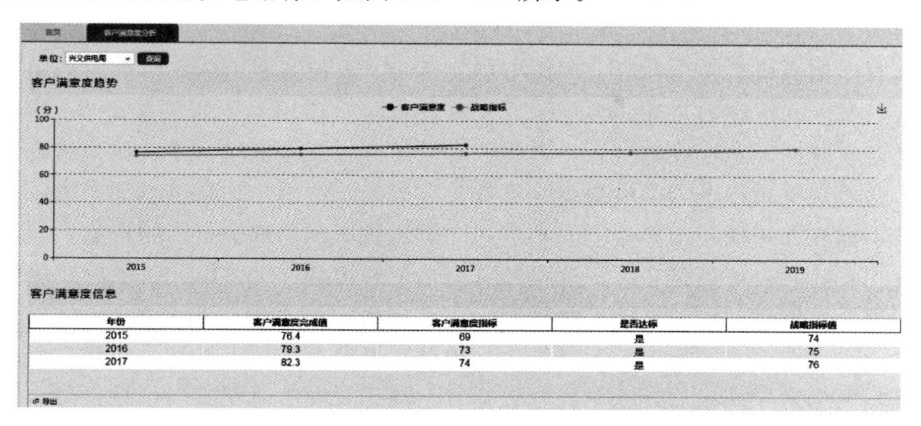

年份	客户满意度完成值	客户满意度指标	是否达标	战略指标值
2015	76.4	69	是	74
2016	79.3	73	是	75
2017	82.3	74	是	76

图 5.6　客户满意度结果查询界面图

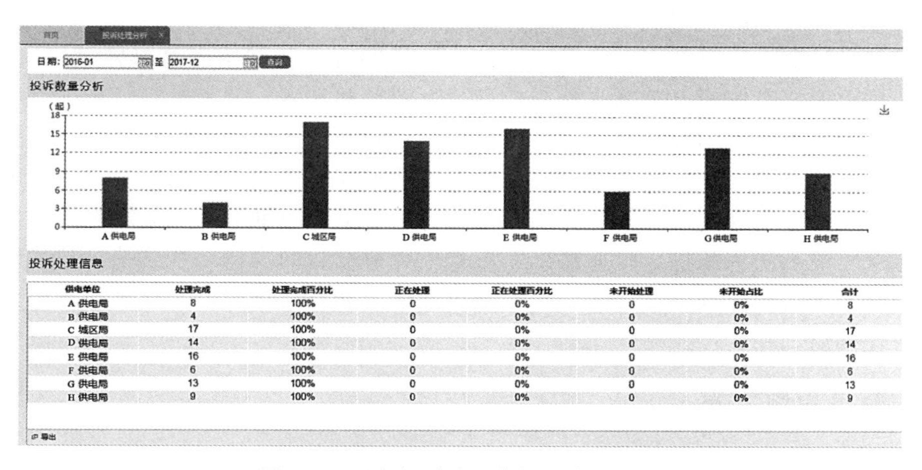

供电单位	处理完成	处理完成百分比	正在处理	正在处理百分比	未开始处理	未开始占比	合计
A 供电局	8	100%	0	0%	0	0%	8
B 供电局	4	100%	0	0%	0	0%	4
C 城区局	17	100%	0	0%	0	0%	17
D 供电局	14	100%	0	0%	0	0%	14
E 供电局	16	100%	0	0%	0	0%	16
F 供电局	6	100%	0	0%	0	0%	6
G 供电局	13	100%	0	0%	0	0%	13
H 供电局	9	100%	0	0%	0	0%	9

图 5.7　用户投诉处理分析查询界面图

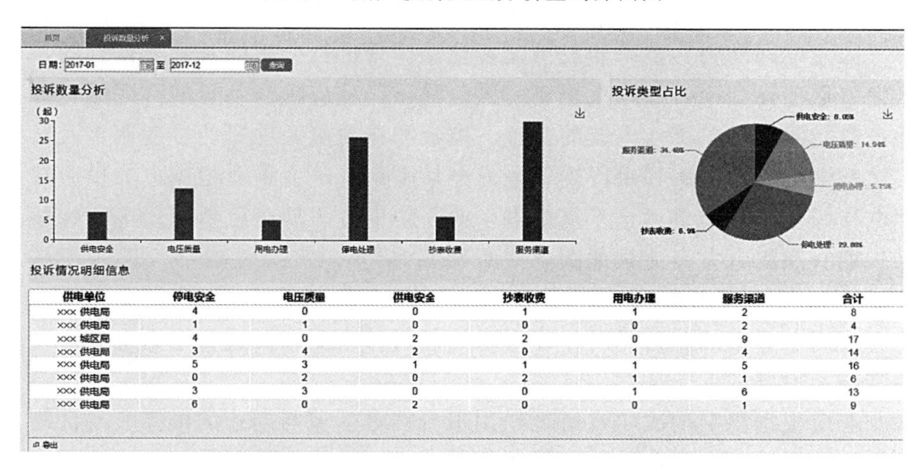

供电单位	停电安全	电压质量	供电安全	抄表收费	用电办理	服务渠道	合计
××× 供电局	4	0	0	1	1	2	8
××× 供电局	1	1	0	0	0	2	4
××× 城区局	4	0	2	2	0	9	17
××× 供电局	3	4	2	0	1	4	14
××× 供电局	5	3	1	1	1	5	16
××× 供电局	0	2	0	2	1	1	6
××× 供电局	3	3	0	0	1	6	13
××× 供电局	6	0	2	0	0	1	9

图 5.8　用户投诉类型分析查询界面图

5.2 数据挖掘在有序用电中的应用及研究

电力有序用电机制是指在电力供应出现缺额时，为保证电力需求平衡所采用原理、方法、技术、制度和法规的总和。多年来，全国各省区有序用电机制主要是以“应急方案”的形式应对暂时性、短期缺电问题，这些临时性的“应急方案”主要表现为错峰、避峰和限电等，这对解决短期电力供应缺口是有效、恰当的。然而，如果电力供需矛盾如果表现为长期性，即存在年度甚至多年电力缺口，同时还表现出“双缺口”的特点，即电力、电量同时存在缺口时，可以将有序用电机制分为长期和短期两个维度。长期有序用电机制是指建立在整个年度范围内的电力平衡机制，主要内容包括在建、拟建电源项目进度协调，区域外电力供应协调，区域内负荷精细化管理等；短期有序用电机制是指建立在月度、周和日范围内的电力平衡机制，主要内容包括月、周、日度负荷预测与预控，月、周、日度有序用电计划制订等，计划的制订以月、周、日度范围内的电力平衡为准则，重点以错峰、避峰、限电等短期电力平衡措施为主。

可以看出，在进行有序用电方案制订时，制订的首要基础依据就是区域内负荷预测。如果是制订长期的有序用电方案，就需要进行长期负荷预测；如果是制订短期有序用电方案，则需要进行中、短期负荷预测。可以说负荷预测的精度对有序用电方案制订和实施的有效性起到至关重要的作用。随着电网规模的不断增加，电力市场的不断深入，电力负荷会有新的变化特性出现，这就需要找出除了常规的季节、温度、天气等影响因素外，其他影响负荷变化的因素和条件，从而得出新形势下负荷变化的规律。数据挖掘技术能很好地挖掘出这些潜在的变化规律，从而得出符合精度要求的负荷预测值，更好地为电力企业的运行和管理提供依据。

5.2.1 有序用电方案

5.2.1.1 长期有序用电方案

长期有序用电方案的制订是在对本区域内的年度负荷进行预测，区域间电能交易情况进行了解，区域电网结构、电源建设情况和检修计划进行分析的基础上得到的，根据分析得到的电力电量平衡结论，一旦出现电力供应缺口，就应该启动长期有序用电方案，通过对区域外送电能的调整、买入电能的调整、拟建和在建电源项目的进度调整及对区域内电力负荷实施精细化管理等多种手段确保电力电量平衡。电力企业根据电力供应缺口制订年度有序用电指标，并分解下达至下属供电企业，协助各下属企业依据用电指标编制有序用电方案。长期有序用电方案流程如图5.9所示。

1. *年度电力电量预测及缺口分析*

长期有序用电方案的制订是对年度电力电量进行预测以及进行电力电量平衡后，在分析缺口的基础上得到的。

电力企业应根据提交的次年度负荷预测报告、本区域与周边的电能交易计划、区域内部的年度检修计划以及电网和电源建设改造计划进行电力电量平衡，一旦出现电力供应缺口，就要制订长期有序用电方案。

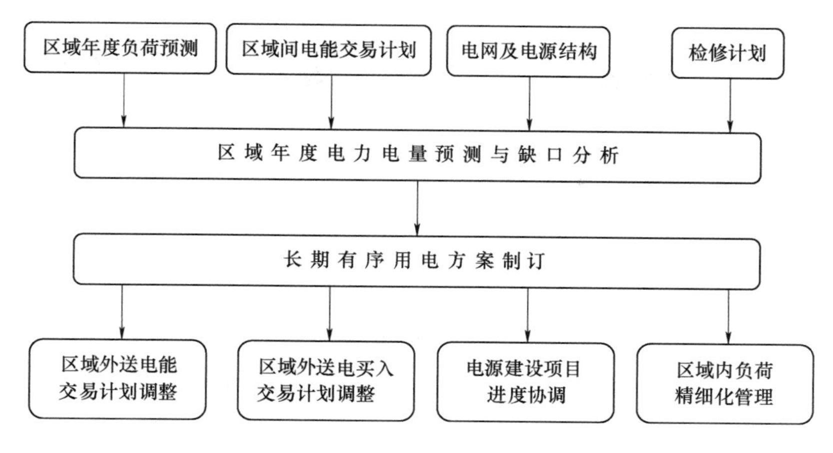

图 5.9 长期有序用电方案流程图

2. 长期有序用电方案的制订

长期有序用电方案主要通过以下几个方面的措施和手段来确保电力电量平衡：

（1）年度区域外送及买入电能交易计划的调整。在进行电能交易计划调整时，应该要严格遵循“有多少、供多少，缺多少、限多少”的原则，科学合理调度，确保电网经济、安全、稳定运行。对区域外送电能，如果由于电能缺口需要实施长期有序用电方案时，周边外送负荷预控可以按照“等比例扣减”原则实施，即按照区域内各地区与周边地区用电比例进行调减；同时要上级电网公司积极申请，争取从主网获得更多的电能支持。

（2）电源项目进度协调。出现电能缺口时，长期有序用电方案中应该包含对区域内部重点电源建设进度的保障：一是对已核准的电源项目，加强督促、协调业主加快电源建设进度；二是加快开展规划项目的前期工作进度。

（3）对区域内部的负荷实施精细化管理。出现电能缺口时，有序用电方案中重点要引导用户合理安排用电方式，达到降低峰荷的目的，可以采取以下措施：一是实行电力需求侧管理等制度，引导用户优化用电方式，改善负荷特性曲线；如果在进行引导的基础上，仍然出现电力短缺的情况时，必须采用短期有序用电措施来确保电力供应和电网安全。

5.2.1.2 短期有序用电方案

短期有序用电方案是指在月、周、日度时间维度下进行电力电量平衡机制。对于短期有序用电协调机制而言，从时间上已无法保证一次能源的余缺调剂，因此只能通过短期负荷预测、气象及灾害预测、电网及电源结构分析，制订短期有序用电方案。短期有序用电方案流程如图 5.10 所示。

1. 短期电力电量预测及缺口分析

在短期（月/周/日度）时间维度下，区域外送电计划已基本按照年度合同确定，调整空间不大，而负荷需求可以做出较为准确的预测，因此短期电力电量预测应侧重于做好极端天气、自然灾害和交通运输等因素导致的电力供应缺口评估。

在短期电力电量预测及缺口分析中，首先应依据次月/周/日负荷预测和气象部门发布的气象灾害预测等信息，确定次月/周/日电力电量平衡结论。若次月/周/日电力电量供应充足，则按照正常工作流程执行次月/周/日供电计划；若次月/周/日电力电量供应不足，

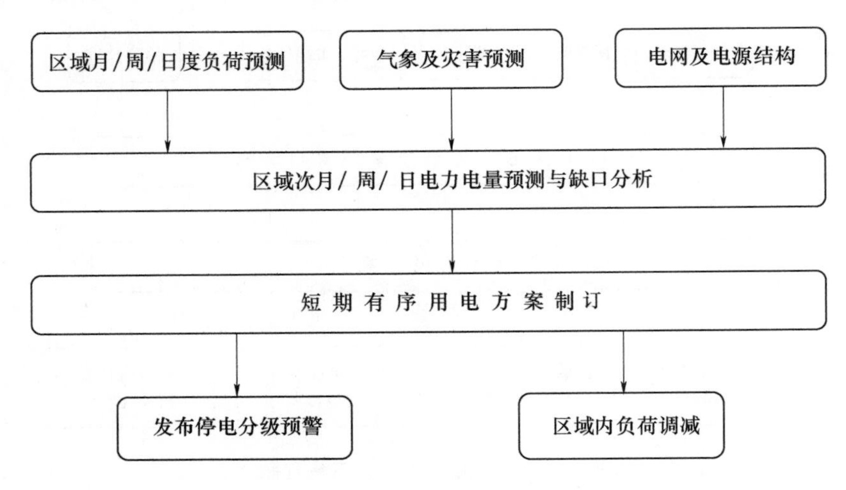

图5.10 短期有序用电方案流程图

则启动短期有序用电方案，采取措施保证电力电量平衡。

2. 短期有序用电方案的制订

由于在短期时间维度下，区域间电能交易计划已定，调整空间不大，所以只能对区域内部的供电负荷进行用电调整，同时对于短期有序用电而言，从时间上已无法保证一次能源的余缺调剂，因此只能遵循“有多少、供多少，缺多少、限多少”的原则。短期有序用电方案主要通过以下两个方面的措施和手段来确保电力电量平衡：

（1）发布停电分级预警。根据所做的短期负荷预测和电力电量平衡分析，预测出可能出现的电能缺口，根据缺口大小对外进行分析停电预警发布，做好停电预告宣传。

（2）区域内负荷减调。结合短期负荷预测情况，及时制订各下属电力企业分时段电力电量控制表，并下发至各下属电力企业执行。各下属电力企业应根据上属调度中心下发的分时段电力电量控制表，制订短期有序用电方案，该方案应包括以下内容：按照“定用户、定设备、定线路、定时间”的原则，制订详细的限电、停电序位表；根据城市节能方案履行相关停电协议；制订能够立即响应即时指令的限电、停电指令集；制订关键用户的保电应急措施；做好停电预告宣传；针对短时、突发性缺电，能够组织足够容量的机动负荷让电。

在制订短期有序用电方案时，除了对需要优先保障的用户给出界定原则并编制花名册外，对要进行负荷减调的用户也要制订负荷切除次序，负荷切除的次序可以按照用户的能效水平进行分级排名。建议按照用户的能效水平的高低分为1、2、3、4级，其中1级表示能效水平最高、最节能、最好的用电用户；4级表示达到了国家颁布的能效标准限定指标，是合格用电用户。用户能效排名等级可以作为实施有序用电管理时负荷切除次序选择的依据，还能起到促进用电企业调整产品结构和生产工艺，从用电终端环节进行负荷优化的作用。

5.2.2 有序用电中的负荷预测

在进行有序用电方案制订时，制订的首要基础依据就是区域内负荷预测，负荷预测的准确度直接会影响有序用电方案制订和实施的有效性。如果是针对长期有序用电方案就需要进行长期负荷预测，如果是针对短期有序用电方案则需要进行短期负荷预测。进行负荷预测除了要考虑常见的季节、天气等气象影响因素外，还要充分考虑区域经济发展过程中产业调整情况、电价政策影响情况以及重要大用户的生产计划安排。无论是长期负荷预测还是短期负荷预测，应该在多种预测模型下相互校正，力求准确。

数据挖掘的任务之一就是进行预测，预测是采用一系列的历史序列数据作为输入，然后应用各种能处理数据周期性分析、趋势分析、噪声分析的计算机学习和统计技术来建立模型，估算这些序列未来的值。可见，负荷预测是数据挖掘技术在电力系统最主要的应用之一。预测有多种算法，不同的预测算法有各自的优缺点，在所应用的外部环境情况不同的条件下，很难说某一个预测算法具有普遍适用性。同时，进行预测时，预测精度是判别算法的关键指标，单一固定的一个算法往往不足以准确描述电力负荷实际复杂的变化规律，一旦这种单一固定算法不能反映负荷内部变化的真实规律，或者是当负荷变化规律后来又发生变化后，基于单一算法进行预测的结果就有可能产生加大误差。因此，为了考虑多种因素对电力负荷变化的影响，可以应用多种预测算法进行预测，然后再对所得到的多个预测值进行加权平均得到最终的预测结果。另外，还要将预测结果与实际负荷值进行比较，得出预测误差，并反馈至预测模型，通过对预测模型参数的调整，提高预测精度。

数据挖掘中常用的预测算法有：回归分析法、序列分析法、灰色系统法、人工神经网络法、SVM 等。可以将不同的算法单独进行负荷预测，然后再对每一个算法得到的结果采用等权平均的方法进行叠加，就可以得到最终的预测结果。预测模型如图 5.11 所示。

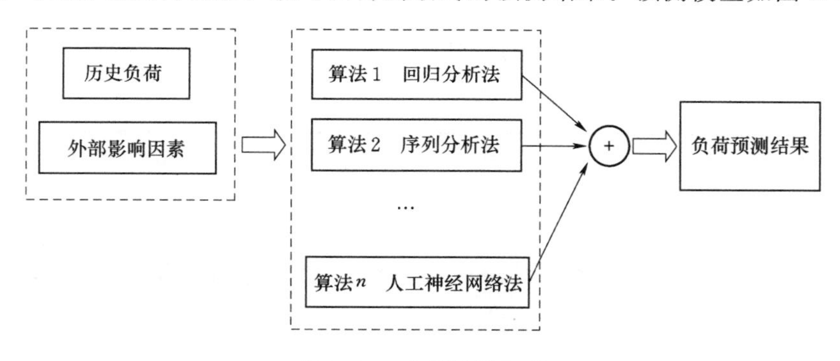

图 5.11　负荷预测模型

假定有 n 个预测算法，其预测值分别为 $L_i(i=1,2,\cdots,n)$，按照等权平均法的定义，相应的综合模型预测结果为

$$L=\frac{1}{n}\sum_{i=1}^{n}L_i \tag{5-2}$$

等权平均法是将所有预测结果同等对待，这就不需要关注单一预测值的预测精度以及单一预测的误差之间的相互关系，模型简单，易于使用。

5.2.3　贵州某地区供电公司有序用电服务分析

无论是长期有序用电还是短期有序用电方案的制订，都是先进行区域负荷预测和电力电量平衡，在预测出电能缺口之后才能制订具体的实施方案。以贵州省某地区供电公司进行短期有序用电方案制订为例进行分析，该地区有序用电系统是以图表形式展现，在进行查询时通过页面进行查询。

该地区供电公司首先进行了负荷预测，其中在进行负荷预测时，还细化为对区域内日最大负荷、日最小负荷和日平均负荷的预测，如图5.12所示。

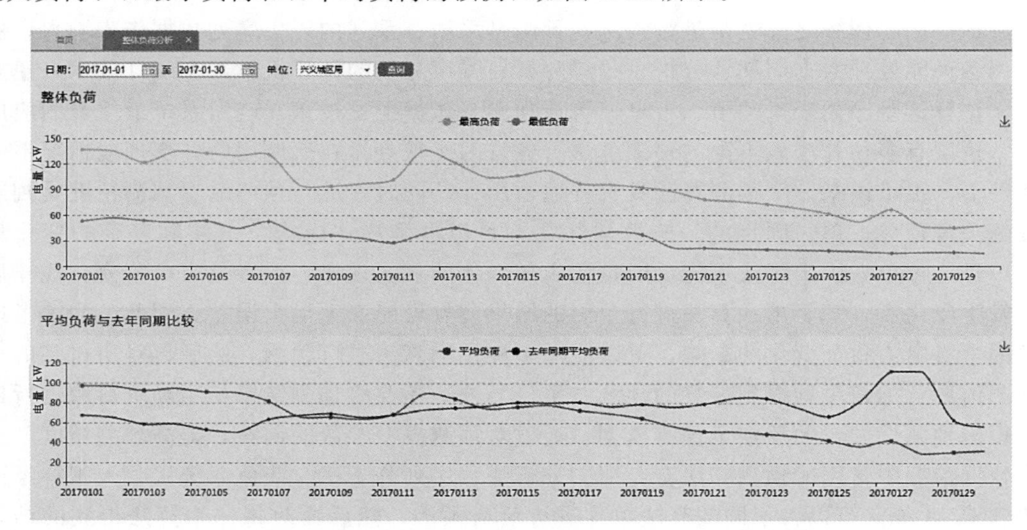

图5.12 整体负荷预测分析查询界面图

在得到负荷预测结果后接着进行电力电量平衡，分析存在的电能缺口，作为制订有序用电的依据，电力电量平衡分析查询界面如图5.13所示。

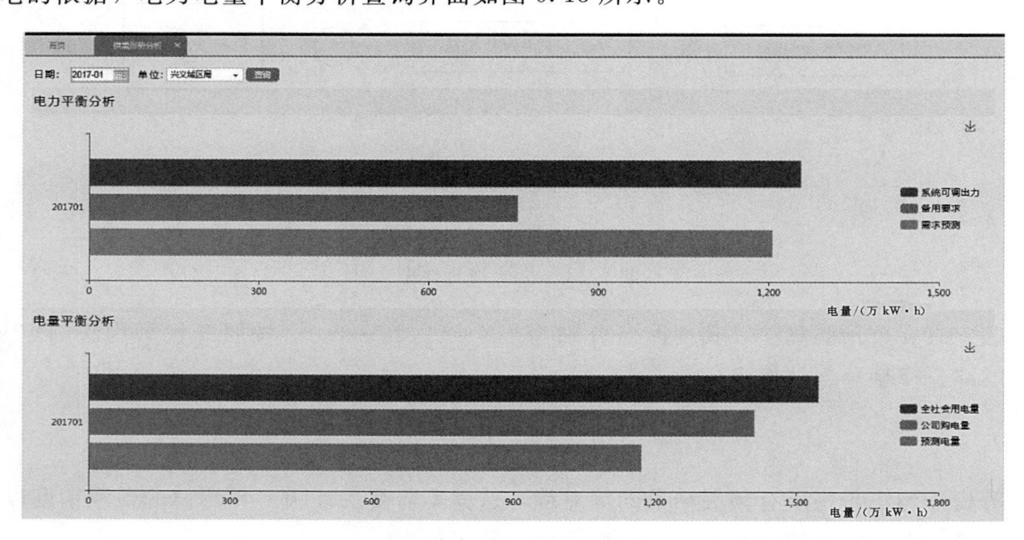

图5.13 电力电量平衡分析查询界面图

根据分析结果，可以制订相应的短期有序用电方案，可以在决策查询部分查询到具体方案的详细内容，决策部分的部分查询界面如图5.14所示。

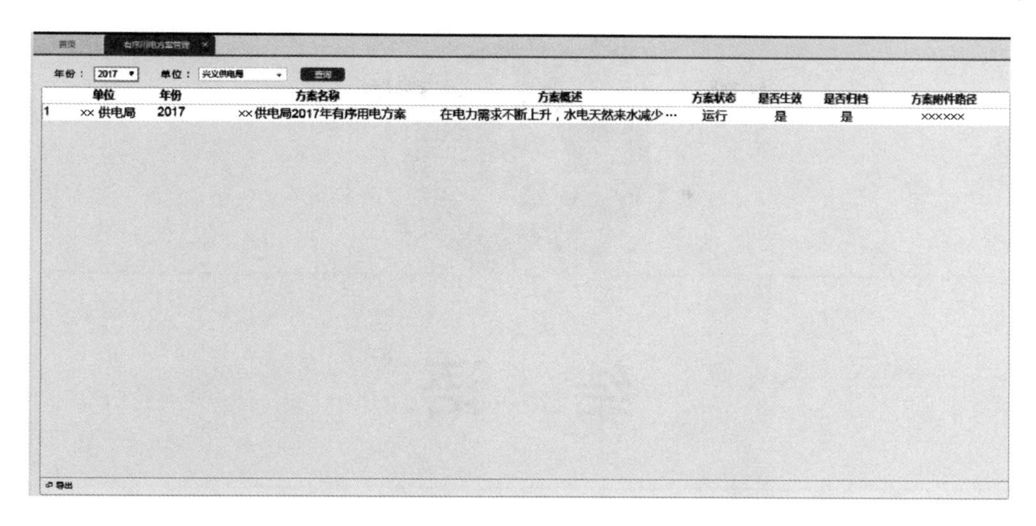

图 5.14　有序用电方案查询界面图

有序用电方案最终将落实到具体客户上来实施，客户的响应程度将导致方案实施的可行性和有效性，可以对不同客户的有序用电响应预测情况进行查询，查询界面如图 5.15 所示。

年份：2017　　企业名称：

兴义电网有序用电企业响应表

序号	所属变电站	供电线路	开关编号	企业名称	报装容量	主要产品或所属行业	正常生产日用电量	正常生产负荷	当前生产日用电量	当前生产负荷	当前生产保安负荷	错避峰负荷/万kW			
												蓝色响应	黄色响应	橙色响应	红色响应
1	XXXXXX	XXXXXX	306	XXXXXX	2	铁合金	40		38.4			13.7	13.9	20.9	27.8
10	XXXXXX	XXXXXX	302	XXXXXX	0.63	铁合金	10		0			轮流限电	0	0	0
11	XXXXXX	XXXXXX	303	XXXXXX	0.63	铁合金	10		0			轮流限电	0	0	0
12	XXXXXX	XXXXXX	303	XXXXXX	2	水泥	40		15			轮流限电	5.4	8.1	10.9
13	XXXXXX	XXXXXX	101	XXXXXX	4	水泥	40		16.7			轮流限电	6	9	12.1
14	XXXXXX	XXXXXX	134	XXXXXX	3	水泥	20		9.9			轮流限电	3.6	5.4	7.2
15	XXXXXX	XXXXXX	301	XXXXXX	1	水泥	10		6.8			轮流限电	2.5	3.7	5
16	XXXXXX	XXXXXX	109	XXXXXX	3	水泥	40		33.3			轮流限电	12.1	18.1	24.1
17	XXXXXX	XXXXXX	132	XXXXXX	6	水泥	55		54.6			轮流限电	19.8	29.7	39.5
18	XXXXXX	XXXXXX	101	XXXXXX	3	水泥	40		27.4			轮流限电	9.9	14.9	19.8
2	XXXXXX	XXXXXX	303	XXXXXX	2	水泥	40		33.3			11.9	12.1	18.1	24.1
3	XXXXXX	XXXXXX	305	XXXXXX	2	铁合金	40		41.5			14.8	15	22.5	30.1
4	XXXXXX	XXXXXX	305	XXXXXX	1	铁合金	24		11.3			4	4.1	6.1	8.2
5	XXXXXX	XXXXXX	304	XXXXXX	2	铁合金	20		0			0	0	0	0
6	XXXXXX	XXXXXX	301	XXXXXX	0.63	铁合金	10		0			0	0	0	0
7	XXXXXX	XXXXXX	301	XXXXXX	0.63	铁合金	10		0			轮流限电	0	0	0
8	XXXXXX	XXXXXX	304	XXXXXX	1.3	铁合金	20		43.2			15.5	15.6	23.5	31.3
9	XXXXXX	[illegible]	304	[illegible]	0.63	铁合金	10		0			轮流限电	0	0	0

导出　　1　共1页　　1-18　共18条

图 5.15　有序用电用户响应预测情况查询界面图

结 语

任何一种创新的理论和方法应用到实践是一个漫长的过程，应用到实践后也需要不断地完善和发展，电力需求侧管理技术也不例外。相较于其他发达国家，我国在研究和实施需求侧管理上起步晚，积累的经验不足。加上不同国家，甚至是不同地区之间，市场环境、法制环境等条件差异使得需求侧管理的实施方案不可能是一成不变的，适用于某个国家或地区的成功经验不一定能适用于其他地方，进一步研究、探索、克服这些应用和操作上的障碍能有效推进需求侧管理的实施。对于我国来说，需求侧管理从引进到现在仅有二十几年的时间，还处于初级阶段，但是已经显示出了无限的发展潜力，所以对需求侧管理的研究和应用方面还需要更加努力，使其成为我国能源战略布局中的主要组成部分。目前我国在实施需求侧管理过程中还存在以下问题，这些问题也是未来实施需求侧管理需要研究的课题，对这些领域开展研究将使需求侧管理的应用具有广阔的发展空间和推广潜力。

1. 需求侧管理评价体系的完善

需求侧管理对电力系统运行的贡献和评估可以归纳为两个方面：一是对负荷形状的影响作用；二是对负荷水平的影响作用。对负荷形状的改变既包含短期负荷曲线的改变，也包含长期负荷曲线的改变，例如移峰填谷等负荷管理技术；而对负荷水平的影响是指使用电能时，永久性地降低负荷水平或转移负荷。

一直以来对需求侧管理的评价是基于技术经济效益标准的，即比较为了满足额外的1kW·h电力需求，是新增电源扩充电网经济，还是实施需求侧管理更经济，具体评价指标有可避免峰荷电力、可避免峰荷电量等，或者换算成单位节电成本，这些多是从供电方的角度进行评价的。事实上仅用这些静态的统计数据不能完全描述需求侧管理对电力系统的贡献，例如对维持电力系统可靠性的贡献，对缓解输电阻塞的贡献，以及对电力企业发展新的电力用户、开拓新的电力市场的贡献。对负荷特性的分析及挖掘潜在的负荷管理效率都需要建立相应的分析方法和评价手段。因此，需要进一步从电力企业的营销、电力系统的规划和运行、电力用户用电可靠性、用电成本，甚至能源节约、环境保护等多角度综合评价需求侧管理的价值，并建立科学的需求侧评价体系。

2. 需求侧管理激励机制的完善

国际上实施需求侧管理较成功的国家大多采用两种的经济激励政策：一是建立基于市场运作、有利于需求侧管理实施的电价形成机制；二是筹集和建立电力公益基金，推动需求侧管理的长期有效实施。我国目前的电力改革与重组刚经历一段时间，形成科学合理的电价机制尚需时日，因此建立政府引导和市场化相结合的需求侧管理激励机制是适合我国当前电力改革形势的一种可行方案，即通过政府的合理引导、政策鼓励、资金扶持等手段来健全需求侧管理的市场化运行。

在此方案下，如何采用激励机制对参与实施需求侧的各方进行激励，使参与实施的各方在做出贡献的同时获得收益是需要重点研究的，包括如何逐步建立完善的体现供用电质量的供电服务费率体系，即电价体系，如分时电价、可中断电价、高可靠性电价甚至是实时电价等。因为电价作为需求侧管理最为重要的经济措施，不仅对用电力用户敏感，对电力企业同样敏感，合理的电价体系、不同电价的合理应用机制都是激励需求侧管理各参与方实施需求侧管理的内动力。

借鉴国外利用电力公益基金支持需求侧管理发展的经验，在我国尚不具备完善的电价体系的初级阶段，如何通过政府引导采用适当的融资渠道来筹集和建立电力公益基金，推动需求侧管理的长期有效发展也是需要进行研究的课题。

3. 与大数据技术的融合和提升

现代社会环境下，计算机信息技术的飞速发展使得信息资源融合到社会经济的方方面面，数据迅猛增长，数据已成为国家基础性战略资源。对于电力系统来说，数据具有不确定性、实时性要求高、种类多样的特点，显然不存在一种数据处理方法对所有对象的不同要求具有普遍的适用性。

大数据技术从20世纪90年代开始发展，已形成了大数据采集、大数据的存储与管理、大数据挖掘、大数据应用在内的完整体系，将传统的数据挖掘技术纳入到大数据体系中，可以使原有的数据挖掘技术得到进一步的提升和加强。从而能充分利用数据的优势实现更快速、更高效的应用。如果能将大数据技术应用到电力需求侧管理研究中，将大数据技术作为需求侧管理实施的应用途径，势必能将研究成果转换在管理能力和生产力的提升上，从而有力推动需求侧管理的应用和发展。

4. 需求侧管理实施机构的强化

无论是电力企业还是电力用户、能源中介服务公司、节能产品的生产商、经销商，以及代表全社会利益的政府管理机构，都能从实施需求侧管理中受益。但是如何在各方之间合理分配实施需求侧管理带来电网收益却是需要研究的。国际上需求侧管理的实施大多是由市场驱动的，通过科学合理的电价机制引导用电方、供电方以及相关第三方的主动参与，并从中获得合理的回报，建立在市场规则上的各个参与方具有平等的合作关系。

我国目前还处在电力改革和重组阶段，而需求侧管理归根结底是一种社会行为，需要法规和政策的支撑，不是电力改革就能完全独立进行操作的，所以需求侧管理大多是由政府牵头引导实施的，实施的对象主要集中在用电量大、用电负荷高的工业用户上，要想将需求方作为一种电力资源参与到负荷曲线的优化中，实现社会资源的优化配置，就需要延长实施周期，扩大实施对象，把涉及的机构都纳入到实施范围中来，不再仅限于工业用户，各种小型分散的电力用户、各种提供节能设备和节能服务的第三方都应该包含进来，即强化实施机构。如何建立基于绩效的利益分配机制，吸引各个机构参与到需求侧管理中，对参与的不同机构如何在技术上进行监管都是需要研究的。只有理顺这些问题，才能对需求侧管理的各个实施机构进行强化，也才能实现实施需求侧管理达到社会资源合理、优化配置的目的。

参 考 文 献

[1] David Hand，Heikki Mannila，Padhraic Smyth. Principles of Data Mining [M]. 北京：机械工业出版社，2003.

[2] 王雷. 基于数据挖掘的电力行业客户细分模型研究 [D]. 上海：上海交通大学，2007.

[3] Vera Figueiredo，Fatima Rodrigues，Zita Vale. An Electric Energy Consumer Characterization Framework Based on Data Mining Techniques [J]. IEEE Transaction on Power System，2005，20 (2)：596-602.

[4] 刘芳. 基于数据挖掘的电网数据智能分析的研究 [D]. 西安：西北大学，2008.

[5] 康重庆，夏清，刘梅. 电力系统负荷预测 [M]. 北京：中国电力出版社，2007.

[6] 张利生. 电力网电能损耗管理及降损技术 [M]. 北京：中国电力出版社，2005.

[7] 董琳琳. DSM中用户反应度建模及成本效益分析的研究 [D]. 北京：华北电力大学，2005.

[8] 段铷. 电力市场环境下需求侧管理的成本效益分析模型及优化 [J]. 华东电力，2005，33 (4)：7-10.

[9] 齐正平. 电力需求侧管理的综合评价体系研究 [D]. 北京：华北电力大学，2004.

[10] 聂庆. 电力需求侧管理分析与应用研究 [D]. 太原：太原理工大学，2006.

[11] 刘昌. 电力需求侧管理模式的研究 [D]. 长沙：湖南大学，2006.

[12] 王梅霖. 电力需求侧管理研究 [D]. 北京：北京交通大学，2011.

[13] 傅家骥. 工业技术经济学 [M]. 北京：清华大学出版社，1996.

[14] 赵建保. 需求侧管理实施效果评价方法及应用研究 [D]. 北京：华北电力大学，2009.

[15] 陈伟，韩斌，等. 技术经济学 [M]. 北京：清华大学出版社，2012.

[16] 贾春霖，李晨，等. 技术经济学 [M]. 长沙：中南大学出版社，2011.

[17] 卢明银，张振芳，等. 技术经济学 [M]. 北京：中国矿业大学出版社，2011.

[18] 国网电力需求侧管理指导中心. 电力需求侧管理实用技术 [M]. 北京：中国电力出版社，2005.

[19] 胡兆光，韩新阳，等. 综合资源战略规划与电力需求侧管理 [M]. 北京：中国电力出版社，2015.

[20] 苑薇薇，孙成宝，等. 节电技术与工程及需求侧管理 [M]. 北京：中国水利水电出版社，2012.

[21] 陶华实. 空气源热泵热水器压缩机技术现状及发展展望 [J]. 现代家电，2009，19：60-61.

[22] 赵庆峰. 浅析变压器节电技术 [J]. 中国科技信息，2007，17：76-78

[23] 胡福年，汤玉东，邹云. 峰谷分时电价理论建模与应用研究 [J]. 电气应用，2007，26(4)：39-45.

[24] 陶莉. 国外分时电价政策简介及探究 [J]. 江苏电机工程，2007，26 (1)：58-60.

[25] 刘晓琳，王兆杰，高峰，等. 分时电价下的高耗能企业发电响应 [J]. 电力系统自动化，2014，38 (8)：41-49.

[26] 黄弦超，张粒子，陶文斌. 上网侧分时电价设计 [J]. 电网技术，2013，37 (5)：1317-1322.

[27] 刘继东，韩学山，韩伟吉，等. 分时电价下用户响应行为的模型与算法 [J]. 电网技术，2013，37 (10)：2973-2978.

[28] 程瑜，翟娜娜. 基于用户响应的分时电价时段划分 [J]. 电力系统自动化，2012，36 (9)：42-46.

[29] 阮文骏，王蓓蓓，李扬，等. 分时电价下用户响应行为研究 [J]. 电网技术，2012，36 (7)：86-93.

[30] 罗运虎，邢丽冬，王勤，等. 峰谷分时电价定价决策过程的动态仿真 [J]. 华东电力，2009，37 (6)：999-1003.

[31] 罗运虎，邢丽冬，王勤，等. 峰谷分时电价用户响应模型参数的最小二乘估计 [J]. 华东电力，2009，37 (1)：67-69.
[32] 丁晓，李林道. 江苏省执行峰谷分时电价政策的研究 [J]. 华东电力，2005，33 (11)：34-38.
[33] 赵鸿图，朱治中，于尔铿. 电力市场中需求响应市场与需求响应项目研究 [J]. 电网技术，2010，34 (5)：146-153.
[34] 宁向南. 基于遗传算法的 DSM 分时电价优化研究 [D]. 天津：天津大学，2012.
[35] 罗伶. 基于模糊 C 均值聚类的分类分时电价研究 [D]. 济南：山东大学，2013.
[36] 国家发展改革委员会. 关于深圳市开展输配电价改革试点的通知 [Z]. 发改价格〔2014〕2379 号.
[37] 国家发展改革委员会. 深圳市电网输配电准许成本核定办法 [Z]. 2014，10.
[38] 李成仁. 电力市场中可中断电价机制设计 [J]. 能源技术经济，2012，24 (4)：11-15.
[39] 张磊. 高可靠性电价和可中断负荷电价的研究 [J]. 电力经济研究，2010，16 (112)：256-257.
[40] 谭忠富，姜海洋，谭艳妮. 促进发电节能的可中断负荷电价优化设计模型 [J]. 华东电力，2009，37 (4)：519-522.
[41] 谭忠富，谢品杰，王绵斌，等. 提高电能使用效率的可中断电价与峰谷分时电价的联合优化设计 [J]. 电工技术学报，2009，24 (5)：161-167.
[42] 王建学，王锡凡，王秀丽. 电力市场中可中断负荷合同模型研究 [J]. 中国电机工程学报，2005，25 (9)：11-16.
[43] 张亮. 珠海分时电价及可中断电价策略研究 [D]. 广州：华南理工大学，2012.
[44] 陈长胜. 可中断负荷项目中的定价问题及实施机制 [D]. 北京：华北电力大学，2008.
[45] 王蓉蓉. 可中断负荷管理的激励机制研究 [D]. 北京：北京交通大学，2008.
[46] 胡福年. 电力市场环境下峰谷分时电价理论建模与影响分析 [D]. 南京：南京理工大学，2007.
[47] 陈坤丽. 我国可中断电价实际中的问题研究 [D]. 北京：华北电力大学，2007.
[48] 魏琳琳. 需求侧管理中的可中断负荷问题研究 [D]. 杭州：浙江大学，2004.
[49] 王文山，王鹤，韩英豪. 电力市场中高可靠性电价的设计研究 [J]. 华东电力，2007，35 (11)：71-75.
[50] 周平，谢开贵，周家启，等. 适应电力市场运营环境的可靠性电价与赔偿机制 [J]. 电力系统自动化，2004，28 (21)：6-11.
[51] 迟峰，黄民翔. 基于可靠性电价-赔偿机制的电网规划研究 [J]. 电力系统及其自动化学报，2007，19 (1)：87-91.
[52] 吴政球，叶世顺，匡文凯. 电力市场环境下的可靠性电价与可靠性交易 [J]. 电网技术，2006，30 (4)：74-77.
[53] 王立永，张保会，王克球，等. 适应电力市场运营环境的可靠性电价研究 [J]. 西安交通大学学报，2006，40 (8)：969-973.
[54] 杨海霞，谢开贵，曹侃. 计及指标权重的电力市场可靠性电价模型 [J]. 电力系统保护与控制，2011，16 (39)：67-73.
[55] 李扬，王蓓蓓，万秋兰. 基于需求侧可靠性差别定价的电力市场交易新机制 [J]. 电力系统自动化，2007，31 (4)：18-22.
[56] 白国梁. 基于市场环境下的可靠性电价与可靠性赔偿 [D]. 北京：华北电力大学，2006.
[57] 周平. 电力市场运营的可靠性和经济性研究 [D]. 重庆：重庆大学，2004.